Die Bibliothek der Technik
Band 87

Getriebemotoren

Prinzip, Aufbau und Einsatz

Franz Josef Mack und
Michael Wagner-Ambs

verlag moderne industrie

Dieses Buch wurde mit fachlicher Unterstützung
der Firma SEW-EURODRIVE erarbeitet.

Das Titelbild zeigt eine vollautomatische Abfüllanlage bei der Binding AG in Frankfurt, die mit SEW-Getriebemotoren ausgerüstet ist.

Die Deutsche Bibliothek – CIP-Einheitsaufnahme
Mack, Franz Josef:
Getriebemotoren : Prinzip, Aufbau und Einsatz / Franz Josef Mack und Michael Wagner-Ambs. [SEW-EURODRIVE]. –
Landsberg/Lech : Verl. Moderne Industrie, 1994
(Die Bibliothek der Technik ; Bd. 87)
ISBN 3-478-93095-2
NE: Wagner-Ambs, Michael:; GT

Abbildungen: Nr. 40: Noell, Würzburg; alle übrigen SEW-EURODRIVE
Satz: abc satz bild grafik, Buchloe
Druck und Bindung: Bosch-Druck GmbH, Landshut
Printed in Germany 930095/03942002
ISBN 3-478-93095-2

Inhalt

Vom Transmissionsriemen zum Getriebemotor **4**

Der Getriebemotor im täglichen Einsatz **9**

Getriebemotoren aus dem Baukasten **14**

Getriebe **22**

Stirnradgetriebe 22

Winkelgetriebe 24

Getriebegehäuse 26

Zahnräder 28

Wellen 33

Lagerung 34

Schmierung 35

Getriebe mit variablem Übersetzungsverhältnis **37**

Breitkeilriemengetriebe 38

Reibradgetriebe 41

Der Elektromotor **44**

Besondere Anforderungen für den Anbau an ein Getriebe 44

Der Drehstrommotor 46

Die Bremse 58

Auslegung eines Getriebemotors **60**

Fachbegriffe **69**

Der Partner dieses Buches **71**

Vom Transmissions-riemen zum Getriebemotor

Beginn des Industrie-zeitalters

Ein Blick zurück:

1764: James Watt erfindet die Dampfmaschine
1850: Pittler baut die erste Revolverdrehbank
1867: Wernher von Siemens baut die erste Dynamomaschine
1872: F. v. Hefner-Alteneck baut die erste Gleichstrommaschine
1880: Wernher von Siemens baut den ersten elektrischen Aufzug
1887: N. Tesla erfindet den Drehstrommotor
1889: J. H. Northop erfindet den automatischen Webstuhl
.... das moderne Industriezeitalter hatte begonnen.

Mit seinem Beginn setzte eine unvorstellbare Mechanisierung und Automatisierung wiederkehrender Abläufe ein. Vorgänge, die bis dahin Menschen – oft unter schweren körperlichen Anstrengungen – vollbrachten, wurden nun von Maschinen übernommen.

Die Mechanisierung wurde in den Anfangsjahren mit sogenannten Transmissionsriemen verwirklicht:

Leistung wurde von einer zentralen Kraftmaschine über Umlenkrollen und Zwischenwellen mit Lederriemen dahin gebracht, wo die Bewegung in die jeweilige Arbeitsmaschine eingeleitet wurde. Die zentrale Kraftmaschine war ein Gasmotor oder ein Wasserradantrieb, später auch ein Elektromotor. Mit zwischengeschalteten Riemen- oder Zahnradgetrieben

Abb. 1 (gegenüber): Transmissions-riemengetriebene Maschinen in einer Werkhalle

wurden Drehzahl und Drehmoment dem jeweiligen Anwendungsfall angepaßt.

Nachteil zentraler Kraftmaschinen

Ein großer Nachteil war, daß die zentrale Kraftmaschine auch dann arbeiten mußte, wenn auch nur eine Maschine in Betrieb war. Hinzu kamen die erhebliche Lärmbelästigung und die Verletzungsgefahr an den offenen, umlaufenden Wellen und Riemen.

Diese Nachteile verhalfen dem dezentralen Elektromotor nach seiner Erfindung immer mehr zum Durchbruch.

Um die Motordrehzahl und das Drehmoment der Anwendung anzupassen, schaltete man dem Motor zunächst ein Getriebe vor:

Beide wurden auf eine gemeinsame Grundplatte montiert und mit einer Kupplung verbunden. Durch die Kombination von Motor, Kupplung und Getriebe konnten die Antriebe vereinzelt werden und Antriebsaufgaben an der Stelle übernehmen, an der Leistung benötigt wurde.

Doch auch diese Kombination war noch verbesserungsfähig. Die Kupplungen ließen nur geringe Winkel- und Lagetoleranzen zu. Deshalb mußte die gemeinsame Aufstellfläche von

Abb. 2: Der Vorläufer des Getriebemotors – der Vorgelegemotor

Motor und Getriebe genau bearbeitet werden. Auch war die Kombination von Motor, Kupplung und Getriebe für viele Anwendungen zu sperrig. Hinderlich war auch die hohe Anzahl der Bauteile, was beim Ausfall die Fehlersuche erschwerte.

1928: Erfindung des Vorgelegemotors

Diese Gedanken mögen wohl 1928 Albert Obermoser dazu geführt haben, den Vorläufer des Getriebemotors – den sogenannten Vorgelegemotor – unter der Nummer N576.436 zum Patent anzumelden. Wir zitieren aus der Patentschrift:

Die Erfindung bezieht sich auf ein Motorgetriebeaggregat mit einem am Getriebegehäuse angeflanschten Motorkörper, bei dem die Motorwelle an einer Seite statt in einem Lagerschild in der Wandung des Getriebegehäuses und die Vorgelegewelle in zwei Wänden des gleichen Teils dieses Gehäuses gelagert sind. Ein Motorgetriebeaggregat dieser Gestaltung zeichnet sich dadurch aus, daß die Herstellung einer genauen und unverrückbaren Gegenseitigkeitslage der in einem Getriebegehäuse gelagerten Zahnräder erleichtert, worin eine der Voraussetzungen für ruhigen Lauf liegt.....

Weiterentwicklung

In den folgenden Jahren wurde das Prinzip des Getriebemotors konsequent weiterentwickelt. Neue Herstellverfahren führten zu Leistungserhöhung und Qualitätsverbesserung. Nach dem Siegeszug des Stirnradgetriebemotors folgte der Getriebemotor mit Schneckengetriebe, danach der Getriebemotor mit Kegelstirnradgetriebe. Verstellgetriebe wurden zwischen Motor und Zahnradgetriebe eingepaßt, um über weite Bereiche die Drehzahl verändern zu können.

Weitere Anwendungen eröffneten sich dem Getriebemotor durch die Kombination mit Pla-

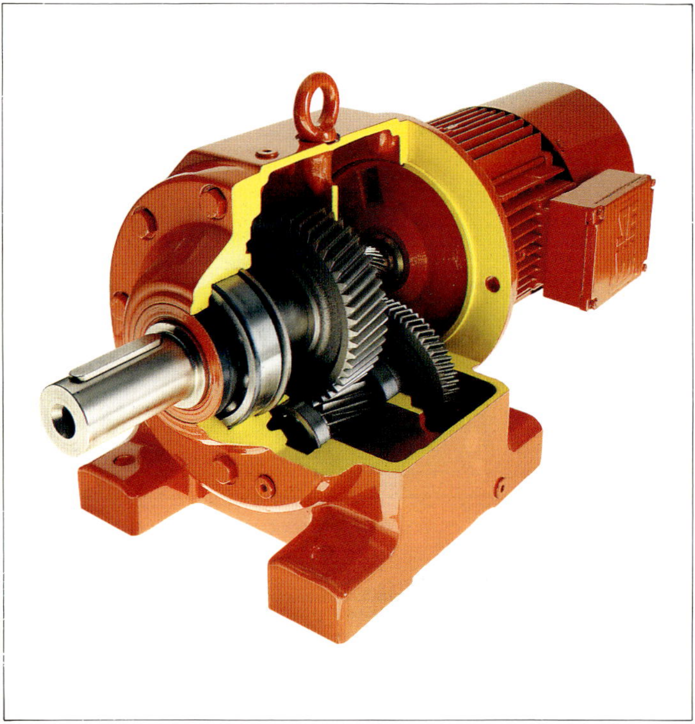

Abb. 3: Stirnradgetriebemotor der heutigen Generation

netengetrieben und durch den Einsatz von Frequenzumrichtern zur Drehzahlregelung von Asynchronmotoren.

Unzählbar sind heute die Anwendungsfälle der Getriebemotoren in unserer technisierten Welt. In fast allen Bereichen der industriellen Produktion und Fertigung und des Transports kommen Getriebemotoren zum Einsatz. Dabei bilden die homogene und kompakte Einheit, der einfache Aufbau und die nahezu unbegrenzten Kombinationsmöglichkeiten von Motor und Getriebe bis heute die Grundlage für den Erfolg aller Getriebemotoren.

Der Getriebemotor im täglichen Einsatz

Zahlreiche Anwendungen

Die Vielseitigkeit des Getriebemotors ermöglicht eine Vielzahl von Einsätzen in allen Bereichen des täglichen Lebens, manchmal sogar in Fällen, in denen man hinter der Bewegung einer Maschine keinen Getriebemotor vermuten würde. Die folgenden Beispiele zeigen einige Einsatzfälle, bei denen die wichtigsten Eigenschaften des Getriebemotors genutzt werden:

Eigenschaften des Getriebemotors

- robust
- kompakt
- zuverlässig
- preisgünstig

Richtantennen-Antrieb

Die Anforderungen: Extreme Randbedingungen kennzeichnen die Anforderungen an einen Richtantennen-Antrieb. Der Betreiber fordert absolut zuverlässigen Betrieb und ständige Funktionsbereitschaft bei jeder Witterung, wie z. B. Hitze, Nässe und Frost, auch nach mehrmonatigem Stillstand. Die Richtantenne muß exakt positioniert werden können und darf dann diese Position nicht mehr verändern. Dazu kommt, daß sich die bewegte Masse durch Vereisung verdoppeln kann, starker Wind verursacht große Querkräfte.

Die Lösung: Stirnrad-Doppelgetriebe-Motor mit Drehstrom-Asynchronmotor, dreifach polumschaltbar, mit mechanischer Bremse und schwerem Lüfter als Zusatzschwungmasse.

Das Doppelgetriebe wird gewählt, um die niedrigen Abtriebsdrehzahlen zu erreichen.

Abb. 4: Richtantenne

Drei Drehzahlen

Der dreifach polumschaltbare Motor ermöglicht drei Drehzahlen: für schnelleres Verfahren, Position grob anfahren und Position exakt anfahren. Die Bremse dient nur als Haltebremse, da durch die hohe Eigenreibung des Richtantennen-Systems die niedrigste Drehzahl für das exakte Positionieren ausreicht. Der schwere Motorlüfter sorgt für ruckfreies Anfahren und sanftes Umschalten zwischen den Drehzahlen.

Antriebe in der Müllverwertung

Die Anforderungen: Müll ist zu schade zum Wegwerfen. Deshalb entstehen immer mehr Müll-Sortieranlagen, in denen der angelieferte

Antrieb von Transportbändern

Müll in gleichartige Fraktionen getrennt wird. Die Getriebemotoren treiben Transportbänder an, die den Müll zu den Sortierstationen befördern und die sortierten Fraktionen in Zwischenlager bringen. Der Müll wird mit Greifern auf die Zuführbänder aufgegeben. Wegen unterschiedlicher Dichte und Volumen sind die Bänder dadurch stark oder schwach belastet. Die Transportgeschwindigkeit soll trotzdem konstant bleiben. Die Transportbänder müssen unter voller Belastung anlaufen können und dürfen bei Stillstand nicht zurücklaufen. Alle Antriebe arbeiten dabei in Hallen in feuchtwarmer und schmutziger Umgebung mit Temperaturen bis + 40 °C.

Die Lösung: Vereinzelung der Antriebe mit über 100 Schneckenrad-, Kegelrad-, Stirnrad- und Verstellgetriebemotoren. In den Bändern zu den Zwischenlagern werden kostengün-

Abb. 5: Müllsortieranlage

Verschiedene Getriebe-motoren

stige Verstellgetriebemotoren eingesetzt, da dort die Transportgeschwindigkeit nur sehr selten geändert werden muß. Die anderen Getriebemotoren für die Zuführbänder sind frequenzumrichtergeregelt, damit Bandgeschwindigkeit und Drehmoment trotz unterschiedlicher Stückgutdichte und -volumen der konstanten Sortiergeschwindigkeit angepaßt werden können und auch bei unterschiedlicher Belastung konstant bleiben. Eine mechanische Bremse verhindert das Zurücklaufen der Bänder. Temperaturfühler (Kaltleiter) schützen die Elektromotoren vor thermischer Überlastung, ein besonderer Korrosionsanstrich schützt vor der aggressiven Umgebung.

Antriebe in einer Käsereiferei

Die Anforderung: Die Herstellung von z. B. Emmentaler Käse wird arbeitsteilig vorgenommen. Die Käserei stellt die »Wagenräder« her und gibt sie spätestens nach einer Woche an die Käsereiferei ab. Während des Reifeprozesses

Abb. 6: Entstapeleinrichtung in einer Käsereiferei

von ca. 3 Monaten müssen die Käselaibe mit einem Gewicht von ca. 90 – 120 kg in regelmäßigen Abständen gewendet und gewaschen werden, um sie »in Form zu halten« und die Oberfläche von Mikroorganismen zu reinigen. Die Laibe liegen im Lager auf Paletten in Stapeln zu 7 – 8 Stück übereinander. In einer Entstapeleinrichtung werden die Paletten vereinzelt. Eine Rollenbahn bringt die Paletten zu der Wende-Einrichtung. Danach werden Käse und Palette in separaten Waschmaschinen gewaschen, wieder zusammengeführt und in einer Stapeleinrichtung zu Palettenstapeln aufgeschichtet. Gefordert ist ein Durchsatz von 420 Käsen pro Stunde.

Aufgabe: Käselaibe regelmäßig waschen und wenden

420 Käse pro Stunde

Stapel- und Entstapeleinrichtungen sind Hubwerke, die genau positioniert werden müssen, um die Palettenstapel mit einem Maximalgewicht von 1,2 t im Takt von ca. 8 s zu vereinzeln. Die Wende-Einrichtung muß deswegen in ca. 2 s eine halbe Umdrehung durchführen und muß wegen der Übergabestellen zu den anschließenden Transportbändern ebenfalls sehr genau positioniert werden. Da die regelmäßigen Wende- und Waschvorgänge entscheidend die Qualität des Endprodukts bestimmen, ist eine hohe Betriebssicherheit gefordert.

Die Lösung: In den Hubwerken und der Wende-Einrichtung sorgen frequenzumrichtergeregelte Flachgetriebemotoren mit Bremse für die geforderte Positioniergenauigkeit. Der Frequenzumrichter-Betrieb ermöglicht einerseits die geforderten Taktzeiten und erlaubt andererseits sehr geringe Drehzahlen, bevor die Haltebremse den Antrieb in der gewünschten Position festsetzt. Platzsparende Schneckengetriebemotoren treiben die Transportbänder und die Waschmaschine an.

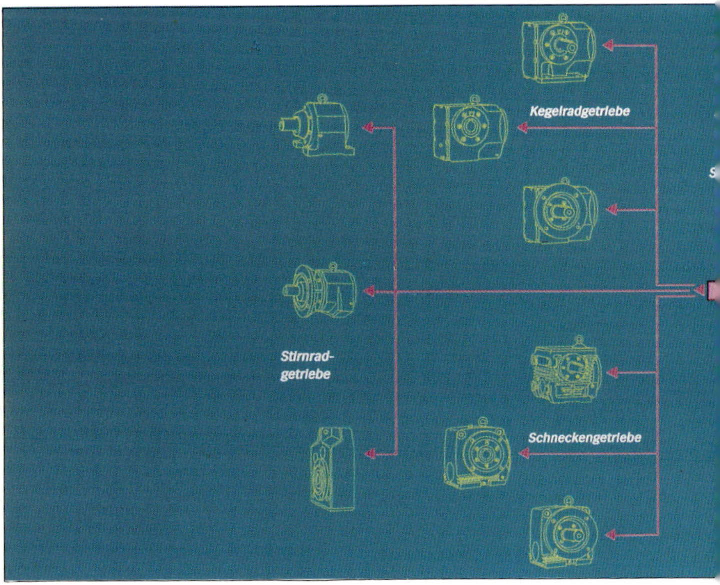

Getriebemotoren aus dem Baukasten

Baukasten: die Antwort auf die Vielzahl der Anwendungen

Das vorangegangene Kapitel zeigte nur einen kleinen Ausschnitt aus den vielfältigen Einsatzmöglichkeiten des Getriebemotors. Diese Vielfalt der Anwendungen macht es nahezu unmöglich, Getriebemotoren aus speziell gefertigten Einzelteilen herzustellen. Das wäre sehr teuer und oft mit langen Lieferzeiten verbunden. Aus diesem Grund gibt es das Baukastensystem, aus dem die Einzelkomponenten *Motor* und *Getriebe* entnommen und zu *Getriebemotoren* kombiniert werden.

Baukastensysteme

Das Ziel eines Baukastensystems ist, eine möglichst geringe Anzahl von Komponenten

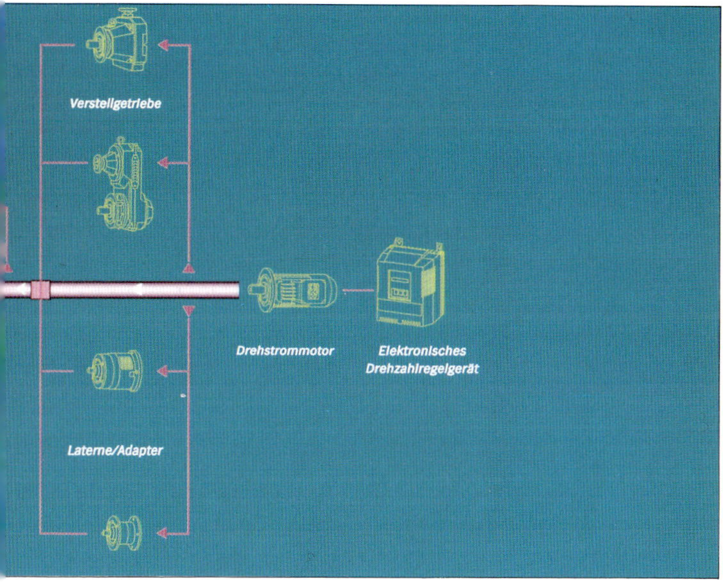

Abb. 7: Das Baukastensystem für SEW-Drehstrom-getriebemotoren

zu einer möglichst großen Anzahl von Endprodukten kombinieren zu können.

Die moderne Technik kennt Baukastensysteme in den verschiedensten Bereichen:

- Im *Werkzeugmaschinenbau* spricht man von einem Baukasten, wenn Baugruppen, wie z.B. Frässpindeln, sich an verschiedene Maschinentypen oder Maschinengrößen anbauen lassen.
- Im *Automobilbau* spricht man von einem Motorbaukasten, wenn Motoren gleichen Typs in verschiedene PKW-Modelle eingebaut werden können.
- In der *Elektronik* werden Baugruppen (Platinen) in verschiedene Geräte integriert und bilden so einen Baukasten.

Übertragen auf den Getriebemotor bedeutet das Prinzip des Baukastens, daß sich Motoren, Getriebe und Anbauteile unterschiedlichen Typs und unterschiedlicher Baugröße miteinander kombinieren lassen (Abb. 7).

Motorarten

Der *Motor* kann dabei ausgeführt sein als

- Drehstrom-Asynchronmotor,
- Gleichstrom-Motor,
- Permanenterregter Synchronmotor.

Die am häufigsten daran angebauten *Getriebe* sind

Getriebearten

- Stirnradgetriebe – auch in Flachbauform,
- Kegelradgetriebe,
- Schneckengetriebe.

Diese Kombinationen stellen die »klassischen« Getriebemotoren dar. Es gibt auch Anforderungen, bei denen ein Zusatzmodul zwischen Motor und Getriebe eingefügt wird:

Zusatzmodule

- Verstellgetriebe für veränderliche Drehzahlen,
- Universelle Adapter, z.B. mit eingebauter Rutschkupplung,
- Stirnradgetriebe als Vorschaltgetriebe für besonders niedrige Abtriebsdrehzahlen.

Die folgenden Betrachtungen zeigen am Beispiel des *Stirnradgetriebemotors*, bestehend aus *Stirnradgetriebe und Drehstrom-Asynchronmotor*, welche Kombinationsmöglichkeiten ein Baukastensystem bietet. Sie gelten ebenso für die Kombinationen anderer Getriebe- und Motortypen.

Die Baugrößen von Drehstrom-Asynchronmotoren sind nach einem IEC-Standard nach der Achshöhe der Welle klassifiziert (Abb. 8).

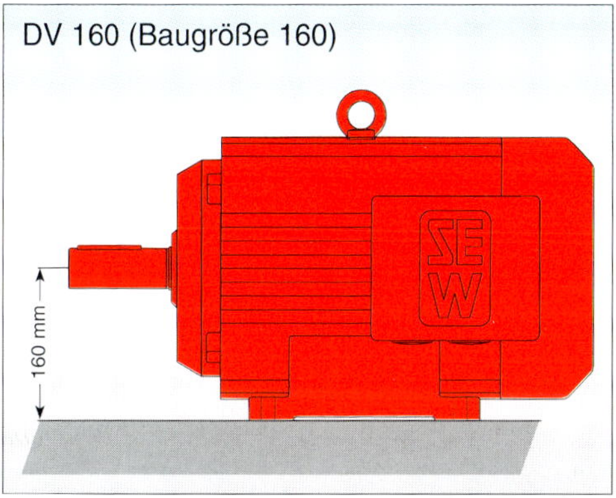

Abb. 8: Definition der Baugröße bei Elektromotoren am Beispiel des DV160 M4

Abb. 9: Drehstrom-Asynchronmotoren unterschiedlicher Baugröße

Die SEW-Baureihe umfaßt 11 Achshöhen von 63 mm bis 225 mm, wobei mit der Baugröße die Leistung des Motors steigt. Weitere Lei-

Tab. 1: Leistungsstufen der SEW-Drehstrom-Asynchronmotoren

Motor-Polzahl	Leistungsbereich [kW]	Leistungsstufen
2	0,18 – 22	17
4	0,12 – 45	21
6	0,09 – 22	18
8	0,15 – 15	14
polumschaltbar	0,04 – 45	139
Σ		≈ 200

Abb. 10: Getriebemotoren mit Stirnradgetrieben der Baugröße 40 und 90

stungsabstufungen lassen sich durch unterschiedliche Baulängen erreichen, so daß für den Anbau an ein Getriebe ca. 200 verschiedene Motorleistungen zur Verfügung stehen (siehe Tabelle 1).

Die Getriebe sind ebenfalls in verschiedenen Baugrößen abgestuft. Die Bezeichnungen für die Baugrößen sind hier nicht genormt, sondern dem Hersteller überlassen.

Die SEW Stirnradgetriebereihe umfaßt 10 Baugrößen. Getriebe gleichen Typs, jedoch unterschiedlicher Baugröße sind geometrisch ähnlich aufgebaut (Abb. 10).

Das übertragbare Drehmoment steigt mit der Baugröße, ebenso wie die Leistung des Drehstrom-Asynchronmotors. Abbildung 11 veranschaulicht den Zusammenhang zwischen Getriebegröße und Abtriebsdrehmoment.

Mit dem Getriebebaukasten lassen sich verschiedene Zahnräder in das gleiche Gehäuse einbauen, so daß für jede Getriebegröße bis zu 30 verschiedene Übersetzungen zwischen i ≈ 4 und i ≈ 200 möglich sind.

Abb. 11: Das übertragbare Drehmoment steigt mit der Baugröße des Getriebes

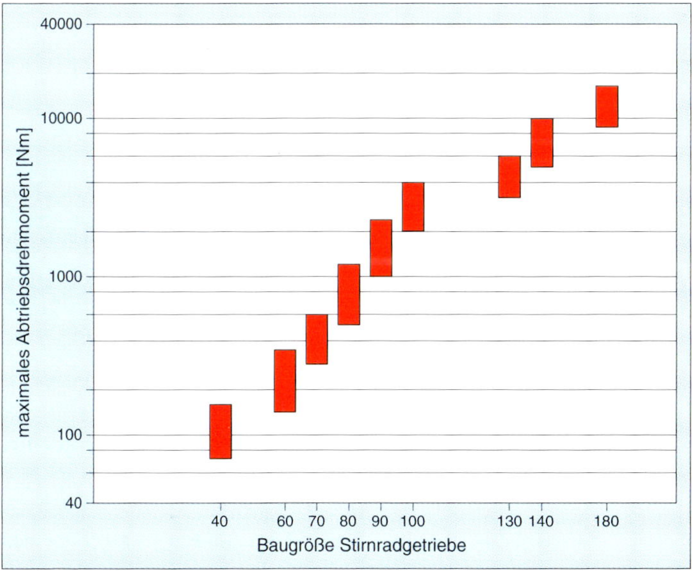

Theoretisch könnten Getriebemotoren aus allen zur Verfügung stehenden Motoren und Getrieben zusammengestellt werden. Da man in der Praxis aber die Leistungsfähigkeit des Getriebemotors optimal nutzen möchte, wird die Kombinationsvielfalt etwas eingeschränkt. So wird beispielsweise

- bei der Kombination eines zu großen Motors mit einem kleinen Getriebe das Getriebe überlastet und
- bei der Kombination eines zu kleinen Motors mit einem großen Getriebe das Getriebe nicht voll ausgelastet.

Abb. 12: Stirnradgetriebe der Baugröße 90 kombiniert mit Motoren der Baugröße 80 und 160

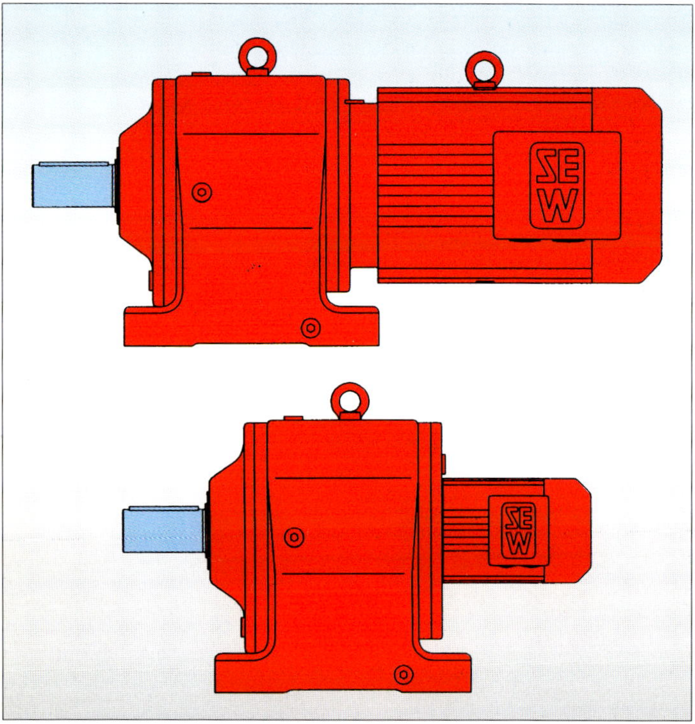

Getriebe einer Baugröße lassen sich dann mit 4 bis 6 verschiedenen Motor-Baugrößen sinnvoll kombinieren.

Zusammen mit den 30 verschiedenen Übersetzungsstufen ergeben sich daraus ca. 150 Getriebemotor-Kombinationen für jede Getriebegröße. Nimmt man die polumschaltbaren Motoren dazu, so erhält man bei 10 Getriebegrößen ca. 5000 Getriebemotor-Kombinationen. Unter Berücksichtigung aller in Abbildung 7 dargestellten Möglichkeiten lassen sich mit dem SEW-Baukastensystem weit über eine Million Getriebemotoren für den täglichen Einsatz zusammenstellen.

Getriebe

Wandler von Drehmoment und Drehzahl

In seiner Funktion als Wandler von Drehmoment und Drehzahl ist das Getriebe der zentrale Baustein des Getriebemotors. Dabei unterscheidet man, abhängig von der Richtung des Kraftflusses, Koaxial- bzw. Parallelwellengetriebe und Winkelgetriebe.

Bei *Koaxial- und Parallelwellengetrieben* liegen eintreibende und abtreibende Welle in einer Ebene – der Kraftfluß ist geradlinig, bei *Winkelgetrieben* stehen eintreibende und abtreibende Welle senkrecht zueinander – der Kraftfluß wird rechtwinklig umgelenkt.

Abb. 13: Kraftflußrichtung bei den wichtigsten Getriebearten

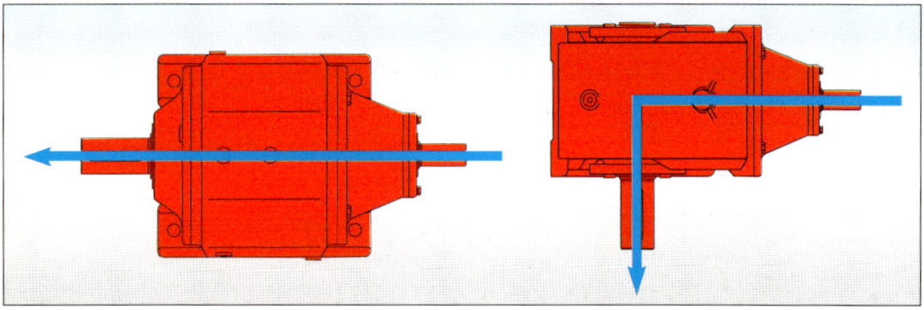

Stirnradgetriebe

Das wichtigste Kraftübertragungselement: Stirnrad

Zahnradpaare, die sogenannten Getriebestufen, übertragen die Kraft von der Eintriebsseite zur Abtriebsseite. Die wichtigste Rolle spielen hierbei die *Stirnräder* als bedeutendste formschlüssige Kraftübertragungselemente des Maschinenbaus. Stirnräder werden meist mit Evolventenverzahnung gefertigt, um sie mit unkomplizierten Werkzeugen prozeßsicher und kostengünstig herstellen zu können. Deshalb sind die Stirnradgetriebe, deren »Innenleben« nur aus Stirnradstufen besteht, die am häufigsten eingesetzten Getriebe. R-Getriebe von

Abb. 14: SEW-Stirnradgetriebemotor

SEW sind 2- bzw. 3stufige Stirnradgetriebe in Koaxialbauform, bei der eintreibende und abtreibende Welle fluchten, wodurch eine schmale und niedrige Bauweise des Gesamtantriebs möglich ist. Mit ihrer einfachen und robusten Bauweise genügen sie in den meisten Anwendungsfällen.

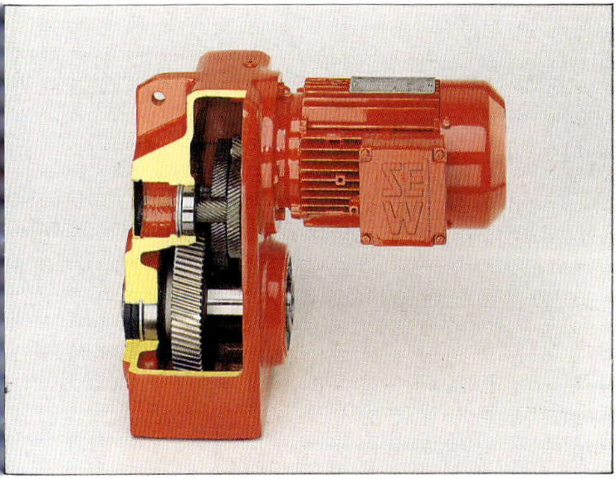

Abb. 15: SEW-Stirnrad-Flachgetriebemotor

Bei Stirnrad-Flachgetrieben (F-Getrieben von SEW) verlaufen eintreibende und abtreibende Welle parallel zueinander. Der Gesamtantrieb wird dadurch kurz und schmal, weshalb diese Getriebe vor allem bei beengten Platzverhältnissen eingesetzt werden. Mit der parallelen Wellenanordnung führt man die Abtriebswelle vorzugsweise als Hohlwelle aus. Das ist zum Beispiel bei Fahrantrieben von Vorteil – über die durchgesteckte Achse kann die Kraft synchron auf beide Antriebsräder übertragen werden.

Winkelgetriebe

Besonders kompakte Antriebslösungen lassen sich mit Winkelgetrieben realisieren, bei denen kompliziertere Verzahnteile verwendet werden müssen, um den Kraftfluß rechtwinklig umzulenken.

Abb. 16: SEW-Kegelradgetriebemotor

Die wichtigsten Verzahnungen sind

- Kegelräder und
- Schnecke und Schneckenrad.

Bei Kegelradgetrieben und bei Schneckengetrieben können sowohl Hohlwellen als auch Vollwellen als Abtriebswellen eingebaut werden.

Antriebsaufgaben mit kleinen Antriebsleistungen, von denen eine gute Schwingungsdämpfung erwartet wird, lassen sich vorteilhaft mit Schneckengetrieben lösen. Große Antriebe, bei denen die Verlustleistung eine Rolle spielt, sollten besser mit Kegelradgetrieben ausgeführt werden, da Schneckengetriebe – je nach Übersetzungsverhältnis – einen geringeren Wirkungsgrad als Kegelradgetriebe aufweisen. Im mittleren Leistungsbereich sind beide Getriebetypen weitgehend gleichwertig. Dabei ist zu beachten, daß hochbelastete Schneckengetriebe einem natürlichen Verschleiß unterliegen. Gelegentlich benutzt man die statische Selbsthemmung von Schneckengetrieben mit größerem Übersetzungsverhältnis als zusätzliche Sicherheitsbremse.

Kegelradgetriebe für große Antriebe

Abb. 17: SEW-Schneckengetriebemotor

Bevor ein Getriebe jedoch seine Funktion in einer Maschine erfüllen kann, muß sich der Getriebekonstrukteur zu folgenden Punkten Gedanken machen:

- Getriebegehäuse,
- Zahnräder,
- Wellen,
- Lager, Schmierung.

	SEW-Getriebetyp			
SEW-Kurzbezeichnung	R	F	K	S
Kraftfluß	geradlinig		rechtwinklig	
max. Drehmoment [Nm]	16000	6000	40000	4000
2. Wellenende	–	möglich	möglich	möglich
Abtriebs-Hohlwelle	–	möglich	möglich	möglich
Stufenzahl	2/3	2/3	3	2
max. Übersetzung pro Stufe	6,5	6,7	4,2	42
min. Übersetzung pro Stufe	1,5	1,5	1,4	5,5
Übersetzungsbereich i_{min} (ohne Doppelgetriebe) i_{max}	3,4-227,6	5,7-266,8	5,9-165,2	6,2-291,9
Wirkungsgrad	97 %	97 %	96 %	55-93 % (i- und drehzahlabhängig)
Fertigung	einfach		aufwendig	
Kosten (bezogen auf Drehmoment)	niedrig	niedrig	rel. hoch	mittel
als 4-poliger Getriebemotor				
max. eintreibende Leistung [kW]	132	45	250	22
kleinste Drehzahl [1/min] (als Doppelgetriebe)	0,05	0,18	0,11	0,13
größte Drehzahl [1/min] (zweistufige Getriebe)	418	246	224	221

Tab. 2: Vergleich der wichtigsten Getriebetypen

Getriebegehäuse

Verschiedene Faktoren beeinflussen Aufbau und Form der Getriebegehäuse:

- die Gehäusefestigkeit gegenüber Verformungen und Schwingungen,
- die Gehäuse-Abdichtung,
- die Zahl der eingebauten Zahnradstufen,
- die Fertigungsverfahren,

- die Montageanforderungen,
- die Gehäusevarianten.

Vorteile von Grauguß

SEW-Getriebegehäuse sind grundsätzlich aus Grauguß GG20 gefertigt. Grauguß ist verwindungssteif und neigt auch bei der Bearbeitung nicht zu Schwingungen, so daß die Gehäuse in einer Aufspannung maßhaltig und rationell bearbeitet werden können. Die guten Gleiteigenschaften von GG20 erleichtern das Einpressen der Wälzlager in die dafür vorgesehenen Bohrungen. Zur Versteifung haben die Gehäuse Innenrippen oder eine gegossene Mittelwand, die zusätzlich die Geräuschentwicklung durch Schwingungen dämpft. Alle SEW-Getriebegehäuse sind so konzipiert, daß sie für jeden Getriebetyp die maximale Anzahl der vorgesehenen Zahnradstufen aufnehmen können. Die

Abb. 18: Verschiedene Getriebegehäuse bei Stirnradgetrieben

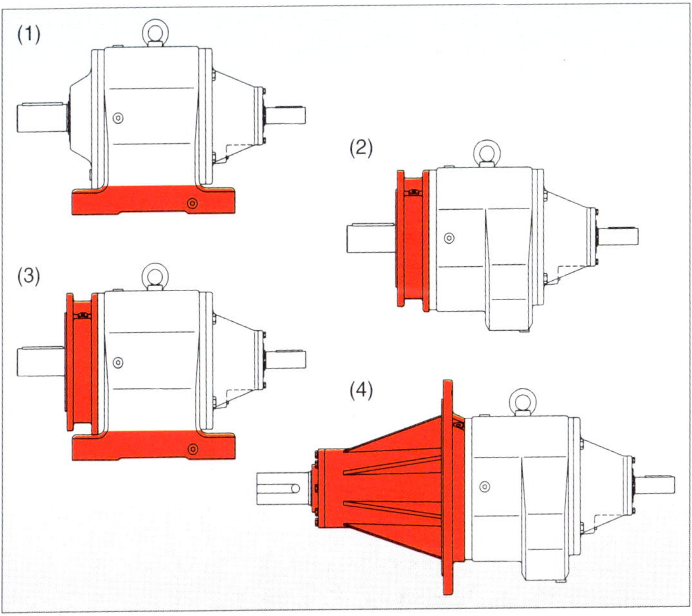

Gehäusegröße wird letztendlich nur bestimmt durch die Größe der Zahnräder und der Wellen, d.h., durch das maximal übertragbare Drehmoment. Die Gehäuseform hängt ab von den angebotenen Varianten (Abb. 18):

- Fußgehäuse (1),
- Flanschgehäuse (2),
- Fuß-Flanschgehäuse (3),
- Flanschgehäuse mit verlängertem Flansch (4).

Zahnräder

Die wichtigsten Bauteile

Zahnräder sind die wichtigsten Bauteile eines Getriebes. Die richtige Wahl von Werkstoffen, Bearbeitungsverfahren und Auslegungskriterien hat für den Betrieb des Getriebes große Bedeutung.

Werkstoff

Stirnräder und Kegelräder sowie die Schnekken der SEW-Getriebe werden in der Regel aus legiertem Einsatzstahl (16MnCr5 oder 20MoCr4) gefertigt. Der Zahnradwerkstoff erhält durch Vorschmieden der Rohlinge ein gleichmäßiges und hochfestes Gefüge.
Für das Schneckenrad verwendet man Bronze (SnBz12), die gute Gleiteigenschaften – auch bei Schmierstoffmangel – besitzt. Schneckengetriebe gehören zu den Wälz-Schraubgetrieben, bei denen zwischen den Zahnflanken von Schnecke und Schneckenrad ständiges Gleiten stattfindet.

Bearbeitungsverfahren

Die Weiterentwicklung der Zahnrad-Bearbeitungsmaschinen führt zu einer gleichmäßigen Fertigungsqualität, durch die auch eine bessere Ausnutzung der Werkstoffe möglich wird (siehe dazu auch Band 8 dieser Reihe, »CNC-

Abb. 19: Die Arbeitsschritte vom Rohling zum fertigen Getriebe

Wälzfräsen«). Moderne Hilfsmittel, wie Finite Elemente Methoden zur Berechnung der Zahnräder, gestatten eine genauere Berechnung der Belastung. Durch diese Entwicklungen können die Zahnräder kleiner und damit auch rohstoffschonender konstruiert werden – bei gleichem übertragbarem Drehmoment.

Wesentliche Konstruktionsschritte bei der Zahnradkonstruktion

1. *Gewünschtes maximales Abtriebsdrehmoment des Getriebes festlegen*
   Damit liegen auch die Achsabstände der Wellen zueinander grob fest, da diese proportional zum Drehmoment sind.
2. *Gewünschten Gesamt-Übersetzungsbereich und Übersetzungsabstufung φ vorgeben*
   In der Praxis werden Übersetzungen zwi-

Abb. 20: Qualitätssteigernde Bearbeitungsverfahren sind für hochbelastete Zahnräder selbstverständlich: Arbeitsraum einer CNC-gesteuerten Stirnradschleifmaschine

schen $i_{min} \approx 4$ und $i_{max} \approx 200$ benötigt. Die minimale Abstufung zweier aufeinderfolgende Übersetzungen ist mit $\varphi = 1{,}2$ hinreichend fein genug, so daß die Übersetzungsreihe eines Getriebes so aussehen könnte:

Beispiel für eine Übersetzungsreihe

$$\begin{array}{ll} i_{min} = 5 & \dots \\ \downarrow & \downarrow \\ i_2 = \varphi \cdot i_1 = 6 & i_{n-1} = 159{,}74 \\ \downarrow & \downarrow \\ i_3 = \varphi \cdot i_2 = 7{,}2 & i_{max} = 191{,}69 \\ \downarrow & \\ i_4 = \varphi \cdot i_3 = 8{,}64 & \end{array}$$

Diese Gesamtübersetzungen sind wiederum das Produkt aus den Übersetzungen der einzelnen Getriebestufen, gebildet aus dem Verhältnis der Zähnezahlen:

$$i_{ges} = \frac{z_2}{z_1} \cdot \frac{z_4}{z_3} \cdot \frac{z_6}{z_5} \cdot \ldots \cdot \frac{z_{2m}}{z_{2m-1}}$$

(m = Anzahl der Getriebestufen)

Abb. 21: Gehäuse-Konstruktion mit CAD

3. *Anzahl der Getriebestufen festlegen*
Zwei- und dreistufige Getriebe im gleichen Gehäuse haben sich in der Praxis als guter Kompromiß herausgestellt (Abb. 22).

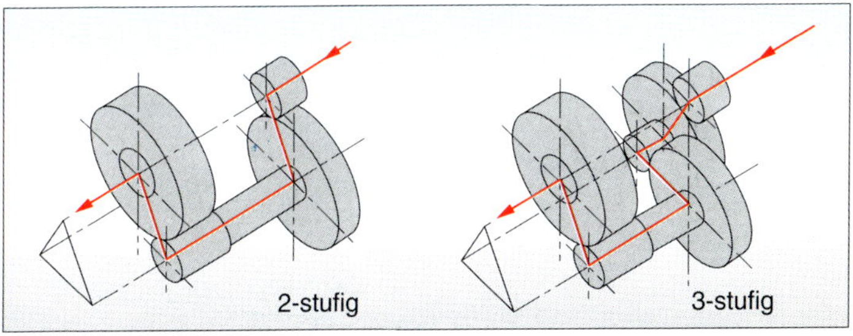

Abb. 22: Wellenanordnung bei zwei- und dreistufigen Getrieben

4. *Zähnezahlen eingrenzen*
Bei Zahnrädern mit sehr kleinen Zähnezahlen kommt es zum sog. »Unterschnitt« im Zahnfuß mit der Gefahr des Zahnbruchs bei voller Belastung; Zahnräder mit sehr großen Zähnezahlen haben lange Bearbeitungszei-

2- und 3stufiges Stirnradgetriebe						
i_{ges}	i_1	z_1/z_2	i_2	z_3/z_4	i_3	z_5/z_6
235.49	5.94	16/95	5.47	17/93	7.25	12/87
201.61	5.08	12/61				
169.98	4.29	21/90				
143.77	3.63	24/87				
117.57	2.96	28/83				
97.91	2.47	32/79				
80.69	2.03	29/59				
67.57	1.70	27/46				
56.85	1.43	30/43				
47.64	1.70	27/46	3.86	28/108		
40.08	1.43	30/43				
37.46	5.17	18/93			7.25	12/87
31.07	4.29	21/90				
26.10	3.60	30/108				
21.49	2.96	28/83				
17.90	2.47	32/79				
14.98	2.07	30/62				
12.50	1.72	29/50				
10.65	1.47	32/47				
10.20	3.60	30/108			2.83	18/51
8.40	2.96	28/83				
6.99	2.47	32/79				
5.86	2.07	30/62				
4.89	1.72	29/50				
4.16	1.47	32/47				

Tab. 3: Übersetzungen und Zahnradpaare eines fiktiven Stirnradgetriebes

ten. Deshalb beschränkt man sich auf einen Bereich von $11 \leq z \leq 118$.

Eine weitere Beschränkung resultiert aus der Forderung, daß die Zähnezahlen einer Zahnradpaarung keine gemeinsamen Teiler haben sollen: Dann sind nämlich stets unterschiedliche Zähne miteinander im Eingriff, wodurch sich Verzahnungsabweichungen geringer auswirken.

5. *Mögliche Zähnezahlen berechnen*
Unter Berücksichtigung der Randbedingungen der Schritte 1 – 4 werden die möglichen Zähnezahlen berechnet. Das Ergebnis dient als Basis für die folgende Bestimmung der Zahnradgeometrie.

6. *Zahnradgeometrie festlegen*
Basierend auf Erfahrungswerten werden Geometriewerte wie Raddurchmesser, Zahnbreite, Nabenstärke usw. festgelegt. Hierbei werden auch bereits vorhandene Werkzeuge und Bearbeitungsmaschinen berücksichtigt.

7. *Sicherheiten berechnen*
Für jedes Zahnradpaar berechnet man nun für die unter Punkt 1 vorgegebene Belastung die Zahnfußsicherheit gegen Zahnbruch und die Zahnflankensicherheit gegen Pittingbildung. Grundlage ist hierbei die Norm DIN 3960.
Liegen die Rechenergebnisse im zulässigen Rahmen, wird das ermittelte Zahnradpaar akzeptiert und es erfolgt die Überprüfung des nächsten Paars. Werden zulässige Grenzwerte überschritten, muß entweder die Zahnradgeometrie korrigiert oder sogar die Zähnezahl geändert werden.

Das Ergebnis dieser Iterationsschritte ist die Matrix in Tabelle 3. Das »Innenleben« des neuen Getriebes ist festgelegt.

Wellen

Wellen verbinden

Die Wellen eines Getriebes nehmen – meist mit einer Paßfederverbindung – die Zahnräder auf und verbinden die Getriebestufen untereinander. Eintreibende und abtreibende Wellen stellen die Verbindung zum Motor bzw. zur Arbeitsmaschine her.

Die Wellen unterliegen äußeren Kräften von der Arbeitsmaschine und Reaktionskräften aus den Zahnrädern. Deshalb müssen die Wellen auf die Einhaltung der Sicherheitswerte geprüft und ausreichend dimensioniert werden. Bei allen SEW-Getrieben werden die Getriebewellen aus unlegiertem Vergütungsstahl C45 hergestellt. Dieser Werkstoff bietet die besten Eigenschaften hinsichtlich Wellenfestigkeit, Biegewechselfestigkeit und Kerbschlagzähigkeit.

Lagerung

Wälzlager am besten geeignet

Die Lagerung ermöglicht die Drehung der Wellen im Gehäuse bei geringer Reibung, auf die Wellen einwirkende Kräfte werden über die Lager in das Getriebegehäuse abgeführt. Im Getriebebau haben sich hierfür *Wälzlager* durchgesetzt, da sie als preisgünstiges Normteil verfügbar sind und auch ohne großen Aufwand montiert werden können. Bereits bei kleinen Drehzahlen entwickeln sie ihre maximale Tragfähigkeit.

Zahnrad, Welle und Lager kann man auf zwei verschiedene Arten anordnen (Abb. 23), nämlich beidseitig oder fliegend gelagert. In Abbildung 23 sind auch die auf eine Stirnrad-Endstufe wirkenden Kräfte bei beidseitiger (links) und fliegender (rechts) Endradlagerung dargestellt:

Auf die Lager wirken die Zahnkräfte der Stirnrad-Endstufe (innere Kräfte) und die äußeren Kräfte *F*. Bei gleicher Verzahnung und gleichem Gesamtabstand *l* kann man die Welle bei

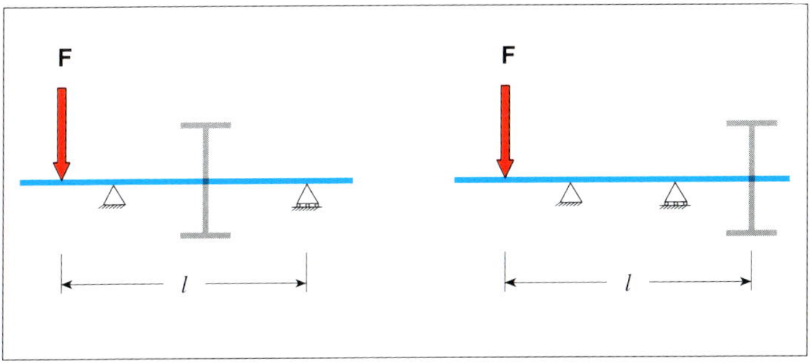

Abb. 23: Beidseitige und fliegende Lagerung einer Stirnrad-Endstufe

beidseitiger Lagerung um 40 % höher belasten. Zudem verschlechtern sich die Zahneingriffsverhältnisse bei fliegender Lagerung durch die Biegung der Welle und der damit verbundenen Schrägstellung des Endrades.

Deshalb sind die Endräder der SEW-Getriebe beidseitig gelagert, um neben einer großen Belastbarkeit auch eine hohe Lagerlebensdauer zu erzielen.

Schmierung

Die Schmierung eines Getriebes muß den Gleitfilm zwischen den kämmenden Zahnflanken sicherstellen und metallische Berührung weitestgehend verhindern. Außerdem führt das Schmiermittel die Verlustwärme an die Gehäuseoberfläche ab, es ist Korrosionsschutz während des Betriebs und im Ruhezustand.

Tauchschmierung mit Öl

Für das bei SEW-Getrieben verwendete Prinzip der Tauchschmierung ist Öl das Schmiermittel, das alle Anforderungen optimal erfüllt. Die Ölmenge ist so bemessen, daß die unten liegenden Zahnräder den Schmierstoff aus dem Ölbad in den Zahneingriff der oben liegenden Zahnräder fördern. Ein Entlüftungsventil an der höchsten Stelle des Getriebegehäuses sorgt für den Druckausgleich – durch die Erwärmung würde sonst ein Überdruck im Getriebe entstehen. Für eine problemlose Wartung haben die Getriebe Ölstandsschraube und Ölablaßschraube.

Wichtig: die Abdichtung

Bei der Konstruktion ist die Abdichtung besonders wichtig, denn möglicherweise austretendes Schmiermittel verschmutzt die Umwelt und gefährdet gleichzeitig die Schmierung der Zahnräder und Lager. Deshalb haben SEW-Getriebe keine Durchgangsbohrungen. Alle Dichtstellen werden mit hochwertigen Wellendichtringen, Verschlußkappen und Flächendichtungen nach modernsten technischen Erkenntnissen ausgestattet.

Getriebe mit variablem Übersetzungsverhältnis

Viele Aufgaben in der Antriebstechnik erfordern eine konstante Drehzahl und können deshalb mit einem Getriebe mit festem Übersetzungsverhältnis gelöst werden. Es gibt jedoch auch eine Reihe von Anwendungen, bei denen während des Betriebs die Drehzahl des Antriebs stufenlos verändert werden muß, z. B. in

Anwendungen

- *Dosieranlagen und Rührwerken,* um unterschiedliche Medien und Mengen zu verarbeiten.
- *Wickelantrieben*, um immer mit der gleichen Geschwindigkeit und Zugkraft arbeiten zu können.
- *Förderbändern*, um sie unterschiedlichen Prozeßabläufen anzupassen.
- *Prototypen komplexer Maschinen*, um die optimale Verarbeitungsgeschwindigkeit zu ermitteln. In der Serienmaschine kann dann ein Getriebe mit fester Übersetzung eingebaut werden.

Möglichkeiten kontinuierlicher Drehzahlveränderung

Es gibt prinzipiell viele Möglichkeiten, die Abtriebsdrehzahl eines Getriebemotors kontinuierlich zu verändern. Besondere Bedeutung haben:

1. die *elektronische* Drehzahlverstellung des Antriebsmotors
   - mit Frequenzumrichtern bei Drehstrommotoren (siehe dazu auch Band 36 dieser Reihe),
   - mit Stromrichtern bei Gleichstrommotoren,
   - mit Servoumrichtern bei Servomotoren.

Abb. 24:
Anlage mit mechanischem Verstellgetriebe VARIMOT ®

2. die *mechanische* Verstellung der Getriebeübersetzung mit einem Verstellgetriebe

Die mechanischen Verstellgetriebe sind seit Jahrzehnten bewährt. Zwischen Antriebsmotor und Untersetzungsgetriebe wird neben anderen gebräuchlichen Ausführungen z.B. ein Breitkeilriemen-Getriebe oder ein Reibrad-Getriebe eingefügt.

Breitkeilriemengetriebe

Das in Abbildung 24 dargestellte SEW-Verstellgetriebe VARIBLOC® besteht aus

- den Verstellscheiben, axial auf den Wellen verschiebbar,
- dem Breitkeilriemen,
- dem Verstellgetriebegehäuse,
- der Verstelleinheit,
- dem Anschlußflansch.

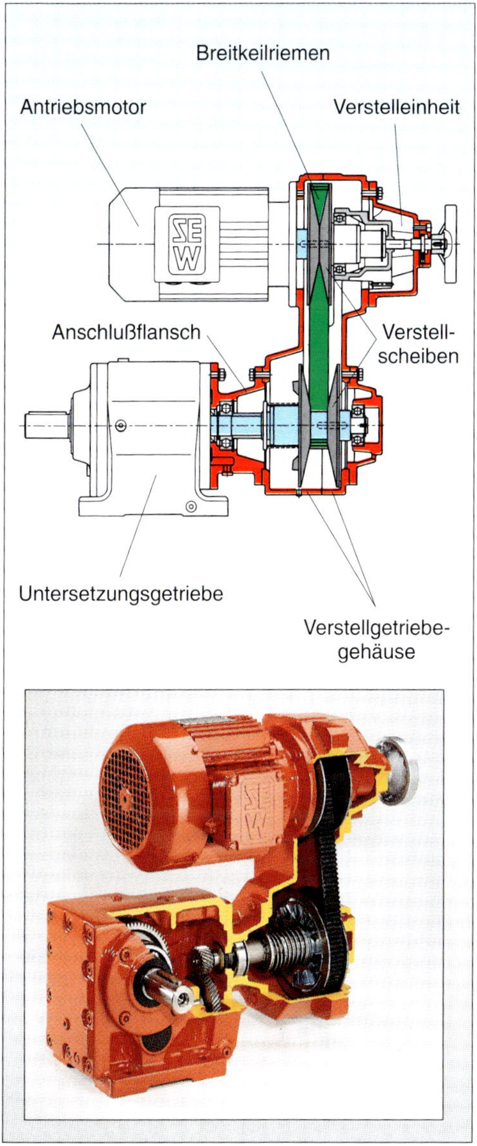

Abb. 25:
Breitkeilriemen-
getriebe VARIBLOC®

Abb. 26: Funktionsweise des Breitkeilriemengetriebes: Die Wirkdurchmesser d_{w1} und d_{w2} bestimmen die Abtriebsdrehzahl

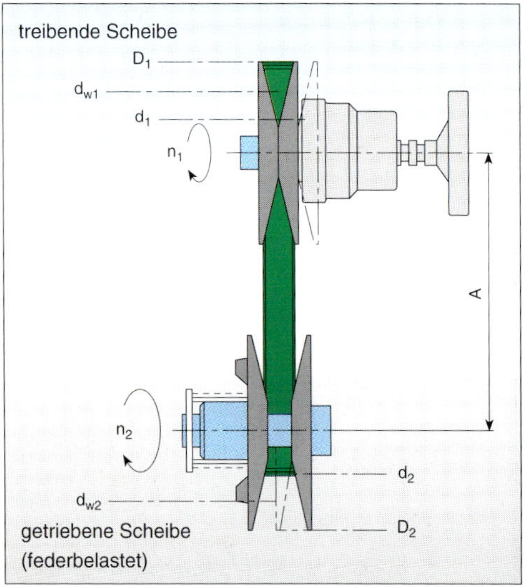

Ein Antriebsmotor und ein Untersetzungsgetriebe komplettieren den mechanischen Verstellantrieb.

Prinzip des Breitkeilriemengetriebes

Abbildung 26 zeigt die Funktionsweise des Breitkeilriemengetriebes: Der Breitkeilriemen verändert seinen wirksamen Laufdurchmesser auf der treibenden Verstellscheibe zwischen D_1 und d_1 durch axiales Verschieben der Verstellscheiben. Im gleichen Maß verändert sich der Laufdurchmesser auf der getriebenen Verstellscheibe zwischen d_2 und D_2. Der Achsabstand A beider Riemenscheiben bleibt dabei konstant. Die abtriebsseitige Drehzahl ist

$$n_2 = \frac{d_{w1}}{d_{w2}} \cdot n_1$$

Mit diesem Prinzip sind Übersetzungsverhältnisse ins Langsame (bis i = 3:1) aber auch Übersetzungen ins Schnelle (bis i = 1:2,7) möglich.

Das Verschieben der treibenden Verstellscheibe kann von Hand, hydraulisch oder mit einem elektrischen Hilfsantrieb erfolgen.

Reibradgetriebe

Als weitere Möglichkeit der mechanischen Drehzahlverstellung stehen Reibradgetriebe zur Verfügung.

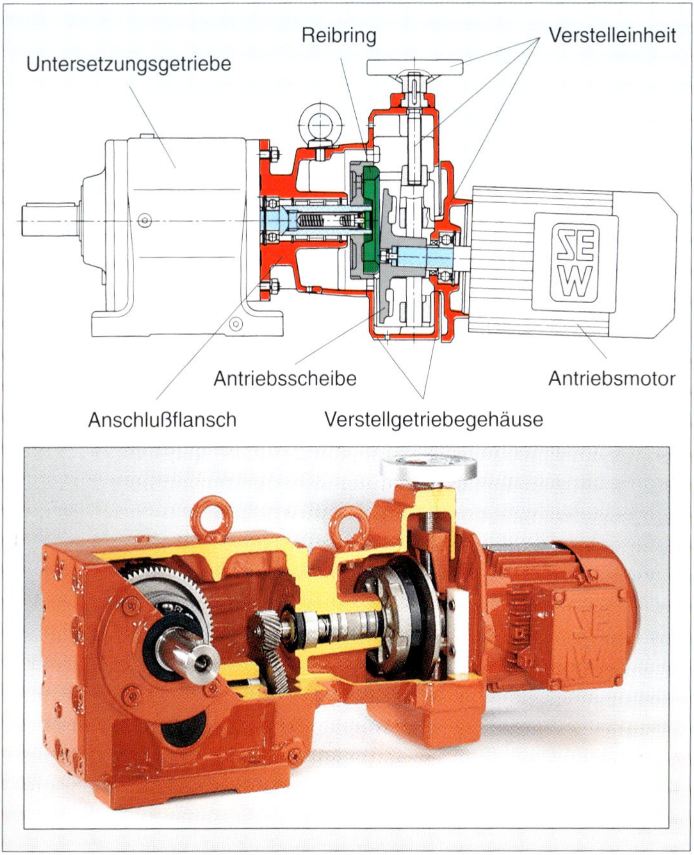

Abb. 27: Reibradgetriebe VARIMOT®

Abbildung 27 zeigt im Schnittbild die wichtigsten Komponenten des SEW-Reibradgetriebes VARIMOT®:

- die kegelige Antriebsscheibe,
- den Reibring mit Abtriebswelle,
- die Verstellplatte mit Verstellspindel,
- das Verstellgetriebegehäuse,
- den Anschlußflansch.

Antriebsmotor und Untersetzungsgetriebe komplettieren auch hier den Verstellantrieb.

Prinzip des Reibradgetriebes

In Abbildung 28 ist die Funktion des Reibradgetriebes veranschaulicht: Eine Feder preßt die Abtriebswelle mit dem Reibring aus einem geeigneten nichtmetallischen Werkstoff gegen die Antriebsscheibe aus Stahl. Mit der Verstellspindel wird die Antriebsscheibe mit dem Antriebsmotor am Reibring entlanggeführt. Die wirksamen Radien r_1 und r_2 werden dabei verändert und damit auch das Übersetzungsverhältnis. Die Abtriebsdrehzahl ergibt sich aus

Abb. 28: Funktionsweise des Reibradgetriebes

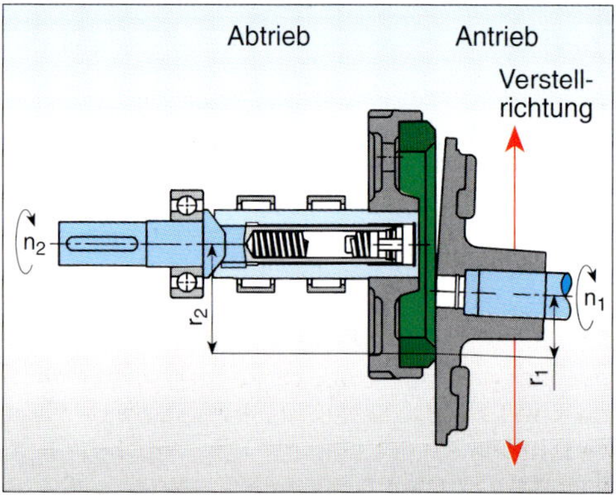

Abtriebsdrehzahl

$$n_2 = \frac{r_1}{r_2} \cdot n_1$$

Mit diesem Prinzip lassen sich Übersetzungsverhältnisse ins Langsame (bis i = 3:1) und ins Schnelle (bis i = 1:1,6) realisieren.

Kriterium	Drehzahlverstellung		
	mechanisch		elektronisch
	Reibradgetriebe	Breitkeilriemengetriebe	Frequenzumrichter (Drehstromasynchron motor)
Investitionskosten Grundgerät	niedrig	mittel	hoch
Zusatzkosten für Drehzahlüberwachung und -fernverstellung	hoch	hoch	mittel
max. Gesamt-Stellbereich	1:5	1:8	1:30
Drehzahlwahl im Stillstand	ja	nein	ja
Drehzahl bei Anlauf geführt	nein	nein	ja
Regelgenauigkeit	niedrig	niedrig	hoch
Stellgeschwindigkeit / Regeldynamik	niedrig	niedrig	hoch
Drehmomentverlauf bei fallender Drehzahl	steigend	steigend	konstant
Verschleißteile	Reibring	Breitkeilriemen	keine

Tab. 4: Mechanische und elektronische Drehzahlverstellung bei Getriebemotoren im Vergleich

Das Verschieben der Antriebsscheibe kann ebenfalls von Hand, hydraulisch oder mit einem elektrischen Hilfsantrieb erfolgen.

Trotz des immensen Fortschritts im Bereich der elektronisch geregelten Antriebe haben mechanische Verstellgetriebe-Motoren weiterhin ihren Platz in der Antriebstechnik. Die wichtigsten Auswahlkriterien sind in Tabelle 4 gegenübergestellt.

Der Elektromotor

In der Antriebstechnik verwendet man in der Regel Motoren, die nach den elektrischen Prinzipien des

Elektrische Prinzipien

- Drehstrom-Asynchronmotors (Kurzschlußläufer, Schleifringläufer, Drehfeldmagnet, Wechselstrommotor),
- permanenterregten Drehstrom-Synchronmotors oder
- Gleichstrommotors

arbeiten, um den Getriebemotor zu komplettieren.

Gleichstrommotoren und Drehstrom-Schleifringmotoren verlieren allerdings immer mehr an Bedeutung, da Drehstrommotoren in wartungsfreier Kurzschlußläuferausführung mit Frequenzumrichtern gesteuert werden können. Andere Bauarten des Drehstrom-Asynchronmotors haben in der Antriebstechnik nur einen geringen Stellenwert. Deshalb wird hier auf eine nähere Beschreibung verzichtet.

Permanenterregte Drehstrom-Synchronmotoren sind beschrieben in Band 42 dieser Reihe (»Geregelte elektrische Antriebe für die Fertigungsautomation«).

Besondere Anforderungen für den Anbau an ein Getriebe

Unabhängig vom elektrischen Prinzip des Motors hat die Art des Anbaus an ein Getriebe besondere Bedeutung für die mechanische Konstruktion des Motors.

SEW verwendet hierfür speziell angepaßte Motoren. Abbildung 29 zeigt den Normmotor

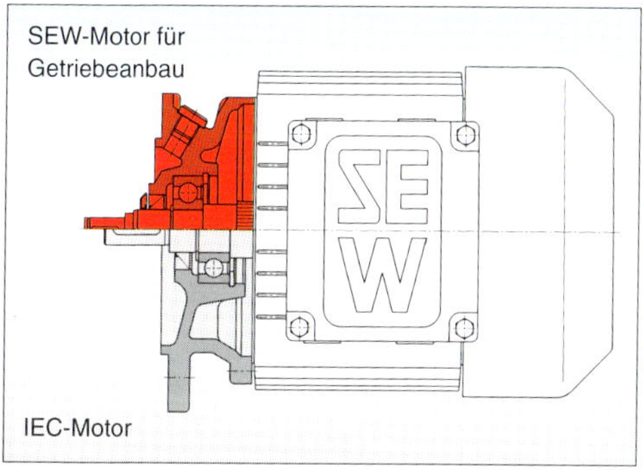

Abb. 29:
IEC-Normmotor und SEW-Motor für Getriebeanbau

nach IEC und den Spezialmotor für den Anbau an ein Getriebe.

Tab. 5:
Vor- und Nachteile der mechanischen Konstruktionen

Motortyp	Vorteile	Nachteile
Motor nach IEC-Norm	Massenfertigung → günstige Herstellkosten Normanbaumaße → problemloser Austausch auch zwischen unterschiedlichen Fabrikaten	erhöhter Aufwand für den Zusammenbau von Motor und Getriebe, meist über Adapter und/oder Kupplung → teuer schlechte Anpassung von Welle, Flansch und Lagerung hinsichtlich Belastung und Geometrie → Geräuschanregung im Getriebe, geringe Lagerlebensdauer im Motor, oft störende Flanschkontur
Spezialmotor mit Ritzelzapfen für den Getriebeanbau	große Variationsmöglichkeit mit wenigen verschiedenen Bauteilen → günstige Herstellkosten gute Anpassung von Welle, Flansch und Lagerung hinsichtlich Belastung und Geometrie → Geräuscharmut und hohe Lagerlebensdauer keine Adapter/Kupplungen → kompakte, kurze Baulänge des Getriebemotors	keine Normung → keine Austauschbarkeit zwischen unterschiedlichen Fabrikaten

Abb. 30: Variationsbreite der Verzahnteile beim Motor mit Ritzelzapfen

Der Drehstrommotor

Elektrische Maschinen, deren Wirkungsweise auf einem im Luftspalt zwischen Ständer und Läufer umlaufenden magnetischen Feld beruht, faßt man zur Gruppe der Drehfeldmaschinen zusammen.

Die wichtigste und am häufigsten genutzte Arbeitsmaschine dieser Gruppe ist der Drehstrom-Asynchronmotor in der Ausführung als Kurzschlußläufer. Er zeichnet sich aus durch

Eigenschaften

- einfachen robusten Aufbau,
- große Betriebsicherheit,
- Wartungsfreiheit und
- einen günstigen Preis.

Aufbau

Läufer oder Rotor:

Die in die Nuten eingespritzte oder eingelegte Wicklung (z. B. aus Aluminium) ist an beiden Enden durch Ringe aus gleichem Material kurzgeschlossen. Betrachtet man nur die Wicklung mit den Kurzschlußringen, so wird man an einen Käfig erinnert. Daher rührt der zweite gebräuchliche Name – der Käfigläufermotor.

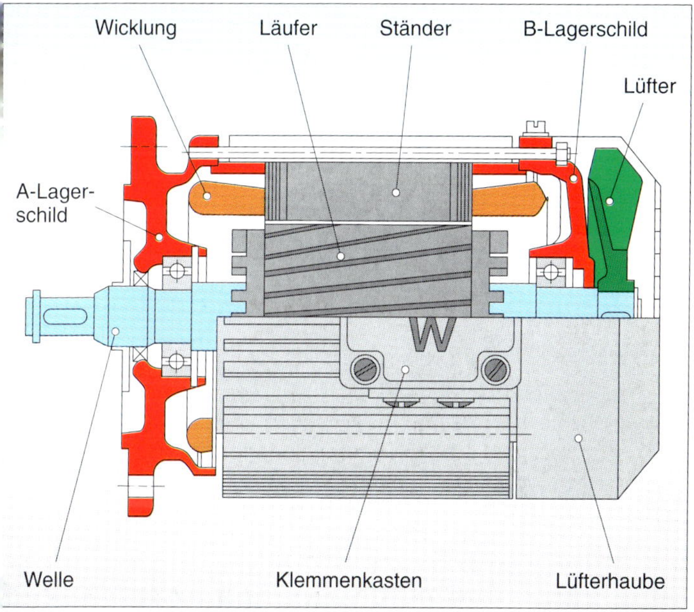

Abb. 31: Schnitt durch einen Drehstrom-Asynchronmotor

Ständer oder Stator:

In die halbgeschlossenen Nuten des Ständerblechpaketes ist die mit Kunstharz vergossene Wicklung eingelegt. Um unterschiedliche Polzahlen zu erzielen, werden Spulenanzahl und Spulenweite variiert.

Abb. 32: Bewickelter Stator eines Drehstrom-Asynchronmotors

Lagerschilde:
Die Lagerschilde aus Grauguß oder Aluminiumdruckguß schließen den Motorinnenraum A- und B-seitig ab. Die Ausführung bestimmt die Schutzart des Motors.

Läuferwelle:
Der Läufer ist auf eine Stahlwelle aufgebracht, die durch die Lagerschilde hindurchreicht. A-seitig ist das Abtriebswellenende (Ritzelzapfen), B-seitig sind der Lüfterflügel zur Eigenbelüftung und ergänzende Systeme wie mechanische Bremsen, Geber usw. angebaut.

Motorgehäuse:
Motorgehäuse sind üblicherweise bei kleinen bis mittleren Leistungen aus Aluminiumdruckguß, bei großen Leistungen aus Grauguß gefertigt. An das Gehäuse angebaut ist der Klemmenkasten, in den die Wicklungsenden für den elektrischen Anschluß herausgeführt sind. Kühlrippen auf der Gehäuseoberfläche verbessern die Abgabe der Verlustwärme an die Umgebung.

Lüfter, Lüfterhaube:
Über den auf dem B-seitigen Wellenende angebrachten Lüfter ist eine Haube gestülpt, die den

entstehenden Luftstrom unabhängig von der Drehrichtung über die Rippen des Gehäuses lenkt.

Lager:
Die Lager verbinden mechanisch die sich drehenden Teile mit den stehenden. Eingesetzt werden meist Rillenkugellager, seltener Rollenlager. Die Baugröße der Lager hängt von den Kräften ab, die das Lager aufnehmen muß.

Funktionsweise
Das symmetrische, dreisträngige Wicklungssystem des Ständers ist an ein 3-Phasen-Drehstromnetz konstanter Spannung und Frequenz angeschlossen. Es fließen in jeder der 3 Wicklungsstränge sinusförmige Ströme gleicher Amplitude, die jeweils um 120° elektrisch gegeneinander verschoben sind. Der Ständer baut – durch die räumlich um 120° versetzten Stränge – ein resultierendes Magnetfeld auf, das mit der Frequenz der angelegten Spannung umläuft.

Drehfeld-drehzahl

$$n_{syn} = \frac{60 \cdot f_1}{p} \qquad [1/\min]$$

n_{syn} = Drehfelddrehzahl (Synchrondrehzahl)
f_1 = Frequenz
p = Polpaarzahl

Dieses umlaufende Magnetfeld – kurz Drehfeld genannt – induziert in der Läuferwicklung eine elektrische Wechselspannung. Da die Wicklung über den Ring kurzgeschlossen ist, fließen Kurzschlußströme. Sie bauen zusammen mit dem Drehfeld Kräfte auf und bilden über den Radius des Läufers ein Drehmoment, das den Läufer beschleunigt. Mit zunehmender Läuferdrehzahl sinkt die Frequenz der erzeugten Spannung im Läufer, da der Unterschied zwischen der Drehfelddrehzahl und der Läuferdrehzahl kleiner wird. Die dadurch jetzt kleinere induzierte Spannung bewirkt kleinere Ströme und damit kleinere Kräfte und Drehmomente. Hätte der Läufer gleiche Drehzahl wie das Drehfeld erreicht, d.h. er würde synchron umlaufen, würde keine Spannung induziert – der Motor könnte kein Drehmoment entwickeln. Das Lastmoment und Reibungsverluste in den Lagern bewirken jedoch einen Unterschied zwischen Läufer- und Drehfelddrehzahl und dadurch ein resultierendes Drehmoment. Der Motor läuft »asynchron«. Je nach Belastung des Motors ist dieser Unterschied größer oder kleiner aber nie Null, da auch im Leerlauf immer Reibung im Spiel ist.

Diese für die Funktion notwendige Relativbewegung zwischen Drehfeld und Drehzahl ist definiert als Schlupf s:

Schlupf

$$s = \frac{n_{syn} - n}{n} \cdot 100 \qquad [\%]$$

s = Schlupf
n = Läuferdrehzahl
n_{syn} = Synchrondrehzahl

Bei Motoren kleiner Leistung kann der Schlupf bis zu 10-15 % betragen, Motoren größerer Leistung haben ca. 2-5 % Schlupf.

Betriebsverhalten

Der Drehstrom-Kurzschlußläufermotor nimmt aus dem Spannungsnetz elektrische Wirkleistung auf und wandelt sie in mechanische Leistung, d.h. Drehzahl und Drehmoment, um.

Leistung

$$P_{ab} = 2 \cdot \pi \cdot n \cdot M \qquad [W]$$

n = Läuferdrehzahl [1/s]
M = Drehmoment [Nm]

Würde der Motor verlustfrei arbeiten, entspräche die abgegebene mechanische Leistung P_{ab} der aufgenommenen elektrischen Leistung P_{auf}. Wie bei jeder Maschine treten auch im Dreh-

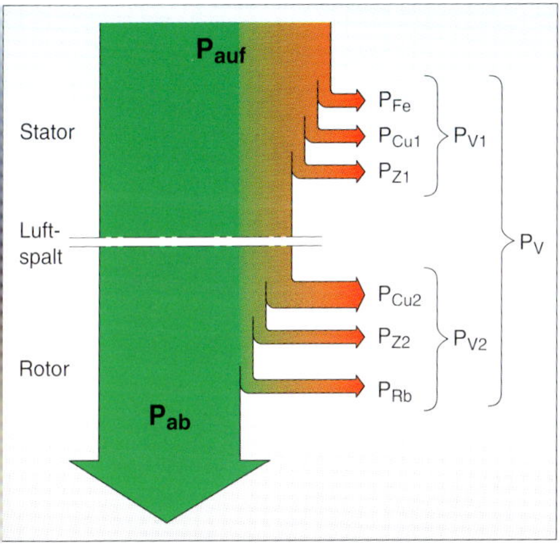

Abb. 33: Leistungsfluß im Drehstrom-Asynchronmotor im motorischen Betrieb

Verluste

strom-Kurzschlußläufermotor Verluste auf, die in Abbildung 33 schematisch dargestellt sind: Kupferverluste P_{Cu} und Stabverluste P_Z entstehen durch die Erwärmung, die ein stromdurchflossener Leiter erfährt.
Eisenverluste P_{Fe} entstehen durch die Erwärmung beim Ummagnetisieren.

Reibungsverluste P_{Rb} entstehen durch die Reibung in Lagern und durch das Umwälzen der Kühlluft.

Damit ergibt sich folgende Leistungsbilanz:

Leistungsbilanz

$$P_{auf} - P_{Cu} - P_{Fe} - P_Z - P_{Rb} = P_{ab}$$

Das Verhältnis von abgegebener zu aufgenommener Leistung ist definiert als der Wirkungsgrad der Maschine:

Wirkungsgrad

$$\eta = \frac{P_{ab}}{P_{auf}} \cdot 100 \qquad [\%]$$

Zeichnet man die Drehmomente und den Strom über der Drehzahl auf, erhält man die charakteristische Drehmoment/Drehzahl-Kennlinie des Drehstrom-Kurzschlußläufermotors (Abb. 34). Bis zum Erreichen des stabilen Arbeitspunktes durchläuft der Motor nach jedem Einschalten diese Kennlinien. Polzahl,

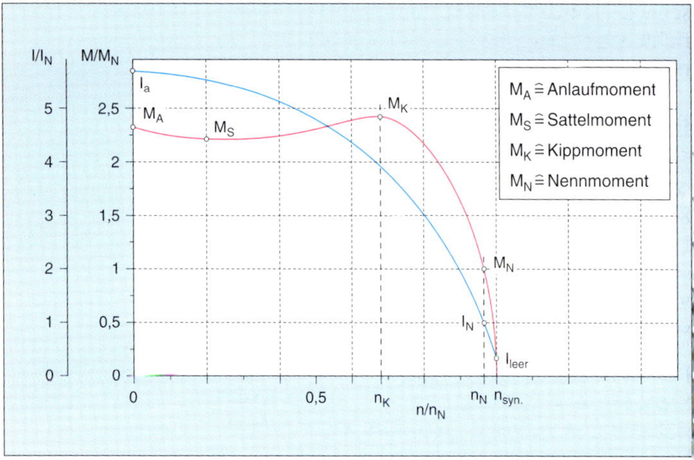

Abb. 34: Strom- und Drehmomentverlauf beim Drehstrom-Kurzschlußläufermotor als Funktion der Drehzahl

konstruktiver Aufbau und das Material der Läuferwicklung beeinflussen den Verlauf der Kennlinien. Die Kenntnis dieser Kennlinien ist besonders wichtig bei Antrieben, die mit Gegenmomenten betrieben werden (z.B. Hubwerke).

Liegt das *Gegenmoment* der Arbeitsmaschine höher als das *Sattelmoment*, wird die Läuferdrehzahl »im Sattel hängenbleiben«. Der Motor erreicht nicht den stabilen, thermisch sicheren Arbeitspunkt.

Liegt das Gegenmoment sogar höher als das *Anlaufmoment*, bleibt der Motor »stehen«.

Wird ein laufender Antrieb überlastet (z.B. ein Förderband überladen), sinkt die Drehzahl mit zunehmender Belastung ab. Überschreitet das Gegenmoment das Kippmoment, »kippt« der Motor und die Drehzahl sinkt auf Satteldrehzahl oder sogar auf Null.

Motor vor Überhitzung schützen

Alle Fälle führen zu sehr großen Strömen im Läufer und Ständer, so daß beide sich sehr schnell erhitzen. Fehlen geeignete Schutzeinrichtungen, kann dies zur thermischen Zerstörung des Motors führen – er »brennt durch«.

Das Einschalten

Beim Motoranlauf nehmen Drehstrom-Kurzschlußläufermotoren bauartbedingt den 4- bis 8fachen Nennstrom als Einschaltstrom auf. Dies führt gerade bei größeren Motoren zu starken Belastungen des Versorgungsnetzes, weshalb solche Antriebe nicht direkt eingeschaltet werden dürfen.

Eine preiswerte und einfache Lösung ist das Stern-Dreieck-Verfahren (Abb. 35), bei dem sich der Einschaltstrom, aber auch das verfügbare Anlaufmoment auf ein Drittel verringern.

Die Wärmeklassen

Die in einem stromdurchflossenen elektrischen Leiter entstehende Wärme ist abhängig vom Widerstand des Leiters und von der Höhe des durch ihn fließenden Stromes.

Häufiges Einschalten und Anlauf mit Gegenmoment belasten den Drehstrom-Kurzschlußläufermotor thermisch sehr stark. Dabei ist die zulässige Erwärmung des Motors abhängig von der Temperatur des ihn umgebenden Kühl-

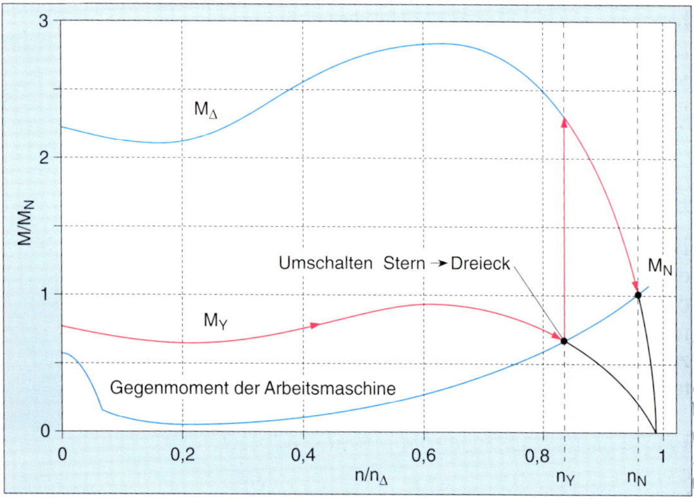

Abb. 35: Kennlinien der Drehstrom-Kurzschlußläufermotoren beim Stern-Dreieck-Anlauf

Abb. 36: Wärmeklassen

mediums (z.B. Luft) und der Wärmebeständigkeit des Isolationsmaterials der Wicklung.

Die maximal zulässigen Übertemperaturen der Motoren sind durch eine Einteilung in Wärmeklassen geregelt (VDE 0530). Der Motor muß in der Wärmeklasse, in der er gebaut wurde, mit einer festgelegten Dauerübertemperatur

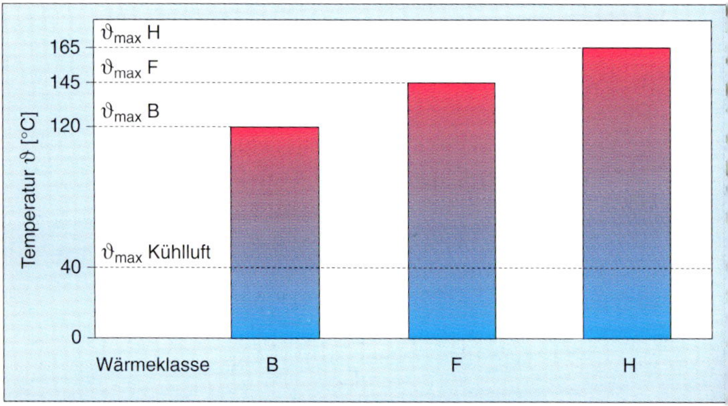

betrieben werden können, ohne dabei Schaden zu nehmen. Bei einer Kühlmitteltemperatur von maximal 40 °C gilt als zulässige Grenzübertemperatur z.B. in der Wärmeklasse H $\Delta\vartheta$= 125 °C (Abb. 36).

Die Betriebsarten

Dauerbetrieb

Die einfachste Betriebsart ist die Belastung mit einem gleichbleibenden Lastmoment. Durch die dauerhafte Belastung im Nennpunkt erreicht der Motor den thermischen Beharrungszustand nach einer gewissen Zeit. Diesen Betrieb nennt man *Dauerbetrieb »S1«*.

Im *Kurzzeitbetrieb »S2«* ist der Motor während einer bestimmten Zeitspanne (t_B) mit gleichbleibender Belastung in Betrieb. In dieser Zeitspanne erreicht der Motor noch nicht den thermischen Beharrungszustand. Anschließend folgt eine ausreichend lange Stillstandszeit, die solange bemessen sein muß, daß der Motor wieder Kühlmitteltemperatur erreicht.

Im *Aussetzbetrieb »S3«* ist der Motor während einer bestimmten Zeit (t_B) mit gleichbleibender

Abb. 37: Betriebsarten des Drehstrom-Kurzschlußläufermotors

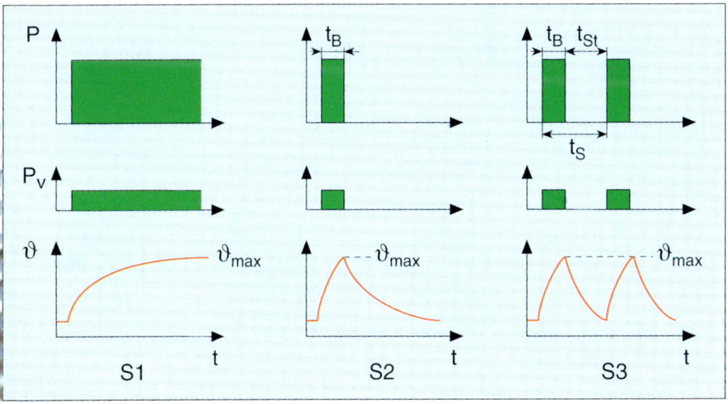

Belastung in Betrieb. Dabei darf sich der Anlauf nicht auf die Erwärmung des Motors auswirken. Danach folgt eine bestimmte Stillstandszeit (t_{St}). Bei dieser Betriebsart wird die relative Einschaltdauer (ED) angegeben, die nach VDE 0530 das Verhältnis von Betriebszeit zu einer Spielzeit von 10 min angibt.

$$ED = \frac{t_B}{t_B + t_{St}} \cdot 100 = \frac{t_B}{10\,\text{min}} \cdot 100 \qquad [\%]$$

Beispiel: Die Betriebsart S3/40% liegt vor, wenn der Motor im Wechsel vier Minuten ein- und sechs Minuten ausgeschaltet ist.

Schalthäufigkeit

Die zulässige Schalthäufigkeit gibt an, wie oft ein Motor ohne thermische Überlastung in einer Stunde eingeschaltet oder umgeschaltet werden kann. Sie ist abhängig von

- den zu beschleunigenden Massenträgheitsmomenten,
- der Dauer des Hochlaufs,
- der Umgebungstemperatur und
- der Einschaltdauer.

Die zulässige Schalthäufigkeit eines Motors kann durch folgende Maßnahmen erhöht werden:

Erhöhung der Schalthäufigkeit

- Erhöhung der Wärmeklasse,
- Wahl eines größeren Motors,
- Anbau eines Fremdlüfters.

Polumschaltbare Drehstrom-Kurzschlußläufermotoren

Drehstrom-Kurzschlußläufermotoren können durch Polumschaltung in verschiedenen Drehzahlen betrieben werden. Durch das Einlegen

mehrerer Wicklungen in den Ständer oder durch Umkehr der Stromflußrichtung in einzelnen Wicklungsteilen ergeben sich verschiedene Polzahlen. Bei getrennten Wicklungen beträgt die Leistung je Polzahl weniger als die Hälfte der Leistung des eintourigen Motors gleicher Baugröße.
Polumschaltbare Getriebemotoren werden häufig als Fahrantrieb eingesetzt. Die Fahrgeschwindigkeit ist bei Betrieb der niederen Polzahl ausreichend groß, zum Positionieren wird auf die hochpolige Wicklung mit kleiner Drehzahl umgeschaltet (Abb. 38). Beim Umschalten behält der Motor aufgrund der Massenträg-

Abb. 38: Kennlinie des polumschaltbaren Drehstrom-Kurzschlußläufermotors

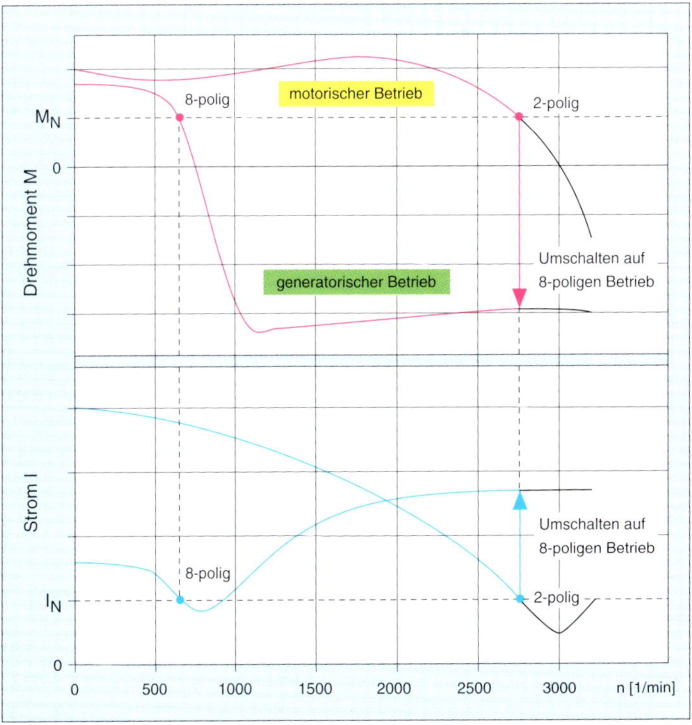

heiten zunächst seine hohe Drehzahl. Der Motor arbeitet in dieser Phase als Generator und bremst ab. Die Bewegungsenergie wird in elektrische Energie umgewandelt und ins Netz zurückgespeist.

Nachteilig ist der große Momentenstoß beim Umschalten, der aber durch geeignete Schaltungsmaßnahmen reduziert werden kann.

Die Bremse

Kurze Abbremszeiten erforderlich

Die heutige Technik verlangt von den Antrieben hohe Arbeitsgeschwindigkeiten und kurze Stillstandszeiten. Es ist daher nötig, auch die Abbremszeit der Antriebe zu verkürzen.

In vielen Einsatzfällen ist auch eine genaue Positionierung und ein Halten der Position erforderlich. Für diese Fälle hat der Motor zusätzlich eine mechanische Bremse.

SEW-Bremsmotoren besitzen eine gleichstromerregte Scheibenbremse, die nach dem Ruhestromprinzip arbeitet:

Arbeitsweise der Bremse

Wird der Motor abgeschaltet oder fällt die Versorgungsspannung aus, fällt die Bremse selbsttätig durch Federkraft ein. Schaltwege und Schaltzeiten sind kurz. Die Bremsen sind einfach aufgebaut und sehr robust. Abbildung 39 zeigt den Aufbau eines Motors mit Scheibenbremse.

Die Bremse ist so konstruiert, daß sie zusammen mit dem Motor eine konstruktive Einheit bildet. Das B-Lagerschild des Motors stellt gleichzeitig eine der Gegenflächen für den Bremsbelag dar. Die andere Gegenfläche des Bremsbelages ist die Ankerscheibe. Diese stützt sich auf Bolzen ab, die B-Lagerschild und Spulenkörper miteinander verbinden. Außen liegende Schraubenfedern drücken die Ankerscheibe beim Bremsen gegen den Bremsbe-

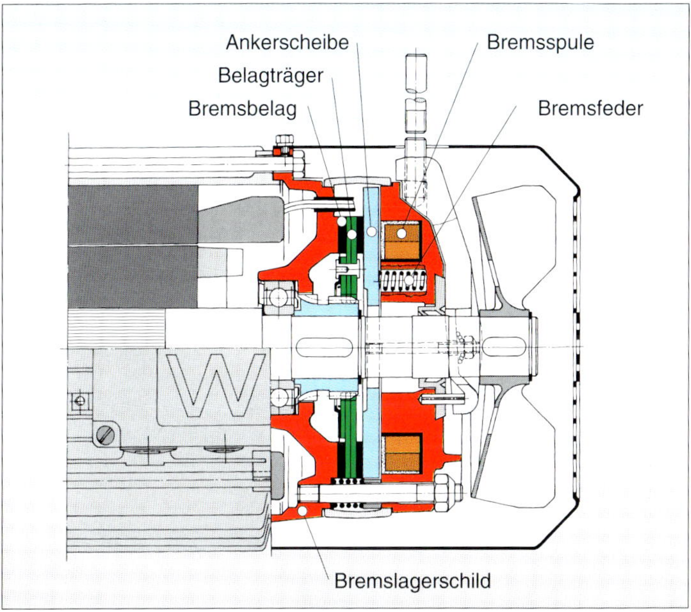

Abb. 39: Aufbau der SEW-Scheibenbremse BM

lag. Anzahl und Stärke der Federn bestimmen das mögliche Bremsmoment.

Der Bremsbelag ist auf einem Belagträger befestigt, der über eine Innenverzahnung mit dem Bremsenmitnehmer verbunden ist. Abriebfestes, asbestfreies Material garantiert eine lange Standzeit. Da die Bremse direkt im Kühlluftstrom des Motors liegt, erreicht sie auch bei großer Bremsarbeit keine hohen Temperaturen.

Stromversorgung

Die Stromversorgung erfolgt durch einen Gleichrichter, der normalerweise im Klemmenkasten des Motors untergebracht ist. Der Magnetkreis ist so ausgelegt, daß auch bei Unterspannung eine einwandfreie Lüftfunktion gewährleistet ist.

Mit einem Hebel kann man die Bremse manuell lüften, z.B. für Arbeiten während der Inbetriebnahme.

Auslegung eines Getriebemotors

Beispiel Kranantrieb

Exemplarisch wollen wir hier die Vorgehensweise bei der Projektierung eines Kranantriebes beschreiben.

Ort: Aluminiumgießerei

Die Aufgabe: In einer Aluminium-Gießerei muß die Gießpfanne mit flüssigem Aluminium von den Schmelzöfen zur Abgießstelle transportiert werden. Zum Befüllen und Abgießen muß der Kran genau in Position gefahren und dort gehalten werden. Die Strecke zwischen den Abgießstellen muß möglichst schnell zurückgelegt werden, damit sich das flüssige Metall nicht zu sehr abkühlt.

Die Randbedingungen: Gefordert sind sanftes Anfahren, Positionieren und Bremsen. Andernfalls wird die Gießpfanne zu stark ausgelenkt, oder das ganze Gehänge gerät ins Schaukeln; auch können die Antriebsräder beim Anfahren durchrutschen.

Berechnung der maximal zulässigen Beschleunigung a_{max}:

Aus dem Kräftegleichgewicht einer am Kran hängenden Masse kann die Beschleunigung in Abhängigkeit vom Auslenkwinkel berechnet werden. In der Regel sind 3° Auslenkwinkel noch zulässig, so daß gilt:

$$a_{max}(\alpha) = g \cdot \tan \alpha \approx 0{,}5 \quad \left[\frac{m}{s^2}\right]$$

Abb. 40 (gegenüber): Kran im Einsatz

Der Grenzfall »Rutschen« der Antriebsräder ist definiert durch das Kräftegleichgewicht F_g (der Gewichtskraft) und F_R (der Reibkraft). Bei vier

NOELL
Baujahr 1975
Tragfähigkeit
Katze 1 50/16t
Katze 2 50t

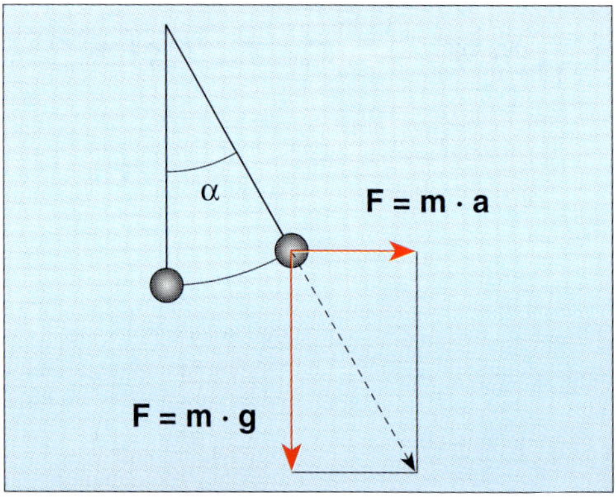

Abb. 41: Kräfte am ausgelenkten Kranseil

angetriebenen Rädern und einem Reibbeiwert $\mu_0 = 0{,}12$ erhält man

$$a_{max}(\mu) \approx 0{,}3 \quad \left[\frac{m}{s^2}\right]$$

Die maximal zulässige Beschleunigung ist somit der kleinere der beiden Werte

$$a_{max} = a_{max}(\mu) \approx 0{,}3 \qquad \left[\frac{m}{s^2}\right]$$

Damit sind die kompletten Randbedingungen:

max. Masse	m_{max}	=	126 t
max. Geschwindigk.	v_{max}	=	0,5 m/s
max. Beschleunigung	a_{max}	=	0,3 m/s^2
Laufraddurchmesser	D	=	630 mm
Schalthäufigkeit			100 s/h
Betriebsdauer			24 h/Tag

Laufrad und Schiene aus Stahl
alle vier Laufräder mit 4 oder 2 Getriebemotoren angetrieben

Abbildung 42 zeigt das Antriebsschema für einen solchen Hallenkran.

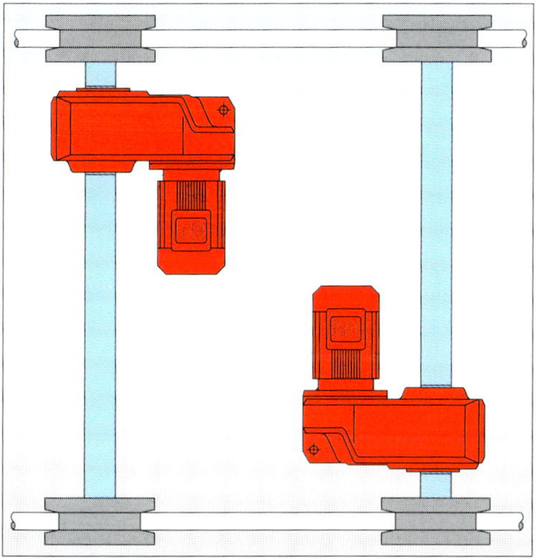

Abb. 42: Antriebsssschema für Hallenkran

Die Berechnung der erforderlichen Motorleistung, der Beschleunigungen, Anlauf- und Bremswege sowie der zulässigen Schalthäufigkeit führt ein von SEW entwickeltes PC-Programm zur Antriebsauslegung durch.

Die Lösungen: Um den Anforderungen unter den gegebenen Randbedingungen gerecht zu werden, bieten sich zwei Lösungen für das Kranfahrwerk an:

1. Getriebemotoren mit 8/2-poligen Drehstrombremsmotoren, d. h. mit zwei festen Fahrgeschwindigkeiten im Verhältnis 4:1.
2. Getriebemotoren mit vierpoligen Drehstrombremsmotoren über Frequenzumrichter geregelt, d. h. variable Fahrgeschwindigkeiten.

Die erste Lösung

zu 1: Die mindestens erforderliche Motorleistung wurde zu 0,96 kW berechnet. Das Programm bietet eine Auswahl 8/2-poliger Motoren an, deren Leistung größer als die geforderte

Mindestleistung ist. Die Motoren müssen mit einer Zusatzschwungmasse ausgerüstet werden, damit die Verzögerung beim Umschalten von der zweipoligen auf die achtpolige Wicklung nicht zu hoch wird und die Räder dabei durchrutschen.

Die verlangte Schalthäufigkeit führt zum Motor SDV 132S 8/2 mit 4 kW Leistung bei zwei-

		polumschaltbare Drehstrommotoren						
Typ		90L8/2	…	112M8/2	132S8/2	132M8/2	…	160M8/2
Leistung	[kW]	1,3		3	4	4,8		7,5
Schalthäufigkeit	[S/h]	35		75	102	69		51
a_{max} (Anlauf)	[m/s²]	0,10		0,19	0,25	0,22		0,29
a_{max} (Bremsen)	[m/s²]	0,15		0,29	0,31	0,30		0,40
a_{max} (Umschalten)	[m/s²]	0,27		0,43	0,45	0,84		1,09

Tab. 6: Übersicht möglicher polumschaltbarer Antriebsmotoren

poligem Betrieb. Allerdings muß eine Umschaltverzögerung von 0,45 m/s² in Kauf genommen werden, so daß ein kurzzeitiges Durchrutschen der Räder beim Umschalten auf die niedere Drehzahl nicht auszuschließen ist. Dies kann durch den Einsatz eines elektronischen Sanftumschaltgeräts (SEW-Bezeichnung WPU) verhindert werden.

Jetzt muß noch ein ausreichend dimensioniertes Getriebe gewählt werden. Gesichtspunkte für diese Auswahl sind:

Auswahl des Getriebes

- Betriebsdauer / Tag,
- Schaltungen / Stunde,
- auftretende Stöße.

Bestimmung des Betriebsfaktors

Mit Hilfe des Diagramms in Abbildung 43 wird der sogenannte Betriebsfaktor f_B ausgewählt, der alle genannten Größen berücksichtigt.

Durch gleichzeitigen Antrieb aller vier Räder kann es zu Verspannungen des gesamten Krans kommen, die Umschaltstöße sind ebenfalls zu berücksichtigen. Deshalb wird man den mindestens erforderlichen Betriebsfaktor mit Kurve III auswählen:

$f_{B\ erf} \approx 1{,}8$

Jedem Getriebemotor ist ein zulässiger Betriebsfaktor zugeordnet, der die Grenzwerte der eingesetzten Materialien sowie die von Abtrieb und Motor herrührenden Belastungen berücksichtigt. Der erforderliche Betriebsfaktor $f_{B\ erf}$ muß kleiner sein als der zulässige Betriebsfaktor $f_{B\ zul}$. Deshalb wählt man vier Flachgetriebemotoren des Typs FA 100 SDV 132S 8/2 mit Bremse und Zusatzschwungmasse. Der zulässige Betriebsfaktor $f_{B\ zul}$ = 2,3 ist ausreichend groß gewählt.

zu 2: Die gleiche Antriebsaufgabe kann auch durch den Einsatz moderner SEW-Frequenzumrichter MOVITRAC® gelöst werden. Die

Abb. 43: Betriebsfaktoren

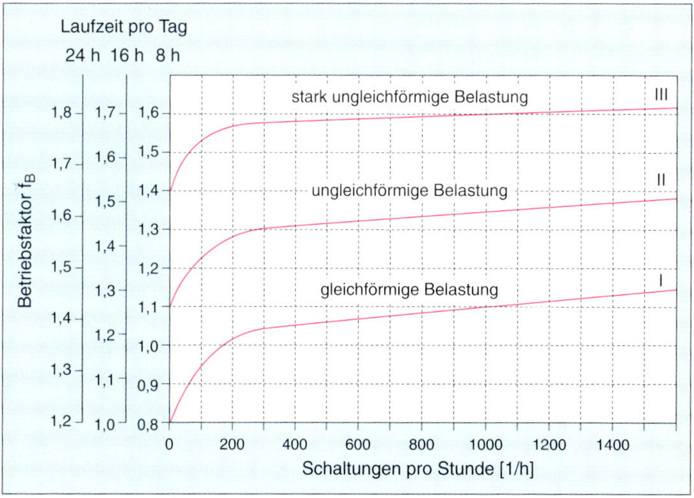

Lösung zwei: Frequenzumrichter

maximale Geschwindigkeit, Anlauf- und Umschaltverzögerung, Anlaufstrom der Motoren und viele andere Einflußgrößen lassen sich einfach mit der menügeführten PC-Bedienoberfläche MC-SHELL® einstellen. In der Vergleichstabelle sind die Werte für eine Lösung mit vier und zwei Antriebsmotoren dargestellt. In beiden Fällen ist es möglich, diese als Gruppenantriebe aus dem gleichen Frequenzumrichter zu speisen. Hierdurch wird ein Synchronlauf der Motoren weitgehend gewährleistet. Die Getriebe werden durch das sanfte Anfahren, Positionieren und den synchronen Lauf der Motoren mechanisch deutlich geringer belastet als beim Betrieb mit polumschaltbaren Motoren.

Getriebemotoren		polumschaltbar	Frequenzumrichter-Betrieb	
Anzahl		4	4	2
Frequenzumrichter MOVITRAC® Typ		—	3015-403-4	3015-403-4
Motortyp		SDV132S8/2 BM Z	DV112M4BM	DV132M4BM
Getriebetyp		FA100	FA90	FA100
Motor-Nennleistung	[kW]	1,0/4,0	4,0	7,5
Anlaufbeschleunigung	[m/s²]	0,25	0,25	0,25
Umschaltverzögerung	[m/s²]	0,45	0,25	0,25
Bremsverzögerung	[m/s²]	0,31	0,36	0,34
Bremsenstandzeit	ca. [h]	18200	405000	324000
ausgewählter $f_{B\,zul}$		2,3	1,4	1,3
Investitionen ohne Installation	[%]	100	93	81
Wartungsaufwand für Bremsen		hoch	gering	sehr gering

Tab. 7: Gegenüberstellung polumschaltbarer und frequenzgeregelter SEW-Getriebemotoren

Aus diesem Grund ist ein erforderlicher Betriebsfaktor $f_{B\,erf} \approx 1{,}3$ vollkommen ausreichend. Somit können die Getriebe eine Baugröße kleiner ausgewählt werden.

Vierpolige Motoren am Frequenzumrichter fallen bei gleicher Leistung eine Baugröße kleiner aus als die polumschaltbaren Motoren. Die Geschwindigkeit, bei der die Haltebremse zugeschaltet wird, kann durch die minimale Frequenz, mit der die Motoren betrieben werden,

Abb. 44: Frequenzumrichter MOVITRAC® 3000 mit Flachgetriebemotor

gezielt beeinflußt werden. In unserem Beispiel beträgt sie nur ein Fünftel der Geschwindigkeit der polumschaltbaren Motoren. Hierdurch sinkt auch die Bremsarbeit, und die Bremsenstandzeit steigt auf ein Vielfaches.

Die Gegenüberstellung zeigt, daß zwei Antriebe mit Frequenzumrichter MOVITRAC® in der Anschaffung die wirtschaftlichste Lösung darstellen. Außerdem wird die Krananlage durch weniger Antriebselemente und geringeren Montageaufwand preisgünstiger.

Im Betrieb übertrifft die Bremsenstandzeit der frequenzgeregelten Motoren die der polumschaltbaren um ein Vielfaches. Dies macht sich auch bei den Folgekosten für die Wartung der Bremsen bezahlt.

Man sieht, daß der klassische Getriebemotor durch die moderne Mikroelektronik eine wertvolle Ergänzung erhalten hat.

Fachbegriffe

Abtriebswelle Zur Verbindung zwischen Getriebemotor und Arbeitsmaschine dienen in der Regel Kettenräder, Riemenscheiben usw., die auf der Abtriebswelle befestigt sind.

Arbeitspunkt Stabiler Betriebspunkt zwischen Gegenmoment der Arbeitsmaschine und dem Abtriebsdrehmoment des Getriebemotors.

Bauform Die räumliche Lage der Abtriebswelle, der Befestigung an der Arbeitsmaschine und der relativen Position des Antriebsmotors ist durch Bauformenbezeichnungen (Buchstaben-Ziffernkombinationen) eindeutig geregelt.

Betriebsfaktor Maß für die Auslastung des Getriebemotors

Doppelgetriebe Getriebekombination, meist aus Stirnrad-Vorschaltgetriebe und beliebigem Untersetzungsgetriebe, um sehr kleine Abtriebdrehzahlen zu erzielen.

Drehfeld Im Luftspalt des Motors umlaufendes Magnetfeld.

Generatorbetrieb Läuft ein Drehstrom-Asynchronmotor mit einer Drehzahl größer als die Synchrondrehzahl (übersynchroner Lauf), gibt er elektrische Energie ab.

Klemmenkasten Die elektrischen Zuleitungen der Motorwicklung und gegebenenfalls der Bremse sind im Klemmenkasten staub- und wassergeschützt sowie berührungssicher für den elektrischen Anschluß herausgeführt.

Kühlungsarten Bei elektrischen Maschinen unterscheidet man zwischen

Selbstkühlung = Kühlung durch Konvektion und Strahlung,

Eigenkühlung = Ventilation durch ein auf der Läuferwelle befestigtes Lüfterrad und

Fremdkühlung = Ventilation mit motorunabhängig betriebenem Lüfter.

Läufer (Rotor) Drehender Teil des Motors, z. B. mit Kurzschlußwicklung beim Kurzschlußläufer.

Netzrückspeisung Im Bremsbetrieb entstehende Energie kann durch besondere elektrische Schaltungen ins Stromnetz zurückgespeist werden.

Pittingbildung (Zahnrad) Grübchenartige Ausbröckelung an den Zahnflanken infolge zu hoher Pressungen

Polumschaltbare Motoren Man unterscheidet polumschaltbare Motoren mit zwei oder mehr getrennten Wicklungen im Stator und polumschaltbare Motoren mit einer Wicklung in Dahlanderschaltung. Bei Motoren mit getrennter Wicklung sind beliebige Drehzahlverhältnisse möglich; bei der Dahlanderschaltung ist das Drehzahlverhältnis immer 2:1.

Ritzelzapfen Abtriebswellenende des SEW-Motors für den Getriebeanbau, ermöglicht eine sehr große Variationsbreite anbaubarer Verzahnteile.

Schlupf Relative Differenzdrehzahl zwischen Drehfeld und Läufer des Asynchronmotors.

Schmierstoff Öle und Fette, die auf die unterschiedlichen Anforderungen beim Einsatz eines Getriebemotors genau abgestimmt sind, z.B. Tieftemperatur-Anwendung.

Ständer (Stator) Feststehender Teil des Motors mit Ständerwicklung.

Zusatzschwungmasse Ein Lüfter aus Grauguß an Stelle eines Kunststoff-Lüfters vergrößert das Eigenträgheitsmoment des Antriebsmotors. Sie ermöglicht sanfteres Anfahren und Bremsen.

Literatur

Taschenbuch für den Maschinenbau. Dubbel (Begr.), hrsg. von W. Beitz und K.-H. Küttner. Berlin: Springer Verlag, 1990.

H.-U. Giersch, H. Harthus, N. Vogelsang:
Elektrische Maschinen. Stuttgart:
Teubner Verlag, 1982.